果树合理整形修剪图解系列

合理整形修剪

PUTAO
HELI ZHENGXING
XIUJIAN TUJIE

张亚冰　孙海生　主编

化学工业出版社
·北京·

图书在版编目（CIP）数据

葡萄合理整形修剪图解 / 张亚冰，孙海生主编．—北京：化学工业出版社，2017.7(2025.1 重印)
（果树合理整形修剪图解系列）
ISBN 978-7-122-29606-1

Ⅰ．①葡…　Ⅱ．①张…②孙…　Ⅲ．①葡萄－修剪－图解　Ⅳ．①S663.105-64

中国版本图书馆 CIP 数据核字（2017）第 096201 号

责任编辑：邵桂林　　装帧设计：史利平
责任校对：吴　静

出版发行：化学工业出版社
（北京市东城区青年湖南街13号　邮政编码100011）
印　　装：涿州市般润文化传播有限公司
850mm×1168mm　1/32　印张5　字数87千字
2025年1月北京第1版第10次印刷

购书咨询：010-64518888
售后服务：010-64518899
网　　址：http://www.cip.com.cn
凡购买本书，如有缺损质量问题，本社销售中心负责调换。

定　　价：30.00元

主　　编　张亚冰（河南科技大学）
　　　　　孙海生（中国农业科学院郑州果树研究所）

副 主 编　牛生洋（河南科技学院）
　　　　　张永辉（云南省农业科学院热区生态农业研究所）
　　　　　申公安（中国农业科学院郑州果树研究所）

其他编者　许　伟（北京吉利大学）
　　　　　程大伟（中国农业科学院郑州果树研究所）
　　　　　李　民（中国农业科学院郑州果树研究所）
　　　　　樊秀彩（中国农业科学院郑州果树研究所）
　　　　　张　颖（中国农业科学院郑州果树研究所）
　　　　　姜建福（中国农业科学院郑州果树研究所）
　　　　　刘崇怀（中国农业科学院郑州果树研究所）

我国作为世界鲜食葡萄生产第一大国和葡萄酒主产国，葡萄栽培范围遍布全国32个省、市和自治区，截至2014年葡萄种植面积和产量分别达到1150.8万亩，1254.6万吨，葡萄已成为振兴地方经济和提高农民收入的重要产业。

当前，我国葡萄产业正从传统农业向现代农业迈进，产业模式和生产管理方式正在发生深刻的变革，与此相伴随的葡萄架式、葡萄树形和管理也处于剧烈的调整中，从过去高产、费工性的架式和树形向质量、省工性的标准化架式和树形转变，与此相关的新技术、方法不断涌现。

本书立足我国葡萄产业发展现实，结合笔者自身建设大型葡萄园区和酒庄的经验，以通俗易懂、简洁明了的语言，辅以大量图片对我国葡萄生产上的主流葡萄架式、树形和整形修剪技术进行详细的讲解，力图使广大读者看后有所收获，帮助大家解决葡萄生产上遇到的一些实际问题。由于作者水平有限，书中疏漏之处在所难免，恳请同行专家、广大读者批评指正。另有部分图片来源于网络，在此一并致谢。

编　者

2017年4月

目录
Contents

第一章 葡萄整形修剪中的常用术语

第一节 夏季整形修剪中常用的术语

一、芽、夏芽、冬芽和隐芽

芽是在葡萄枝条叶腋中形成并发育，萌发长成新梢，从而使植株的生长不断延续和更新。葡萄的芽分为夏芽、冬芽和隐芽（休眠芽）。

1.夏芽

夏芽（图1-1）着生在叶柄基部内侧的叶腋中，于当年形成，并在当年萌发。夏芽是没有鳞片保护的“裸芽”，属于没有休眠期的早熟芽，不能越冬。夏芽抽生的枝条称夏芽副梢（图1-2）。有些品种如户太8号、巨峰等的夏芽副梢结实力较强，在气候条件适宜、生长期较长的地区，可以进行二次或三次结果。

图1-1 夏芽

图1-2 夏芽萌发形成的副梢

2.冬芽

冬芽（图1-3、图1-4）位于夏芽副梢的基部，体型肥大，外被鳞片，其内密生茸毛。冬芽具有晚熟性，一般在形成当年处于“休眠”状态，经过冬季休眠后于次年春萌发长成新梢（主梢）。发育良好的冬芽，内部包括1个主芽和2～6个预备芽，位于中心的一个发育最旺盛，称为“主芽”，周围的称预备芽。在一般情况下，只有主芽萌发，当主芽受伤或在修剪过重的刺激下，预备芽也能抽梢。有时在1个冬芽上同时萌发出2～3个新梢，形成“二生枝”或“三生枝”。冬芽中的主芽实际上是一个压缩的新梢原基，有节和节间，其上交替着生幼叶、卷须和花序原基。冬芽形成后，如果遇到重摘心等刺激时也可以在当年萌芽形成新梢，称之为冬芽副梢

图1-3　冬芽和其临侧的夏芽副梢

图1-4　休眠期的葡萄冬芽

（也是副梢的一种）。

3.隐芽（或休眠芽）

隐芽位于枝梢基部，常不萌发。各级分枝处潜伏有大量的隐芽，当枝蔓受伤或内部营养物质突然增长时，隐芽便能萌发。隐芽一般无花序，但有的品种也能形成花序。大量隐芽的存在，使葡萄植株有很强的再生能力，有利于枝蔓更新复壮。

图1-5　春季冬芽萌发形成的新梢

图1-6　一年生枝条

二、新梢、副梢、结果枝、营养枝和萌蘖枝

1.新梢和副梢

春季，葡萄树冬芽萌芽形成的枝条称为新梢（图1-5），新梢上叶腋处芽眼萌发形成的枝条称为副梢，副梢叶腋处长出的枝条称为二级副梢，二次副梢叶腋处再长的枝条则为三级副梢。夏芽萌发形成的副梢称为夏芽副梢（图1-2），冬芽萌发形成的副梢称为冬芽副梢，冬芽一般处于休眠状态，只有遇到

强烈刺激如重摘心等才会萌发形成枝条。进入冬季新梢和副梢落叶后称其为一年生枝（图1-6），也就是说从萌芽后到落叶前均为新梢。

2. 结果枝、营养枝和萌蘖枝

带有花序或果实的新梢，称为结果枝，没有花序或果实的新梢则称为营养枝（图1-7）。如果结果枝上的花序或果实，自然退化或被人工强制疏除，结果枝就成为了营养枝。多年生枝蔓上隐芽萌发出的枝条称为萌蘖枝（图1-8）。

图1-7　结果枝和营养枝

图1-8　主干上隐芽萌发形成的萌蘖枝

三、卷须、花序和花

1.卷须

葡萄卷须一般从新梢第3～6节起，副梢从第2节起开始着生，卷须与叶片对生（图1-9）。卷须在新梢上的着生部位，不同葡萄种群间表现出一定差异。一般欧亚种和东亚种群，卷须在新梢上连续着生两节后空一节，呈不连续分布；美洲种葡萄的卷须，在新梢上分布是连续的；欧美杂种葡萄的卷须，则常呈不规则分布。葡萄的卷须有不分叉的简单型和双叉、三叉、四叉的复合型。在自然条件下，卷须把新梢和果穗固定在支撑物上的同时，自身逐渐木质化。

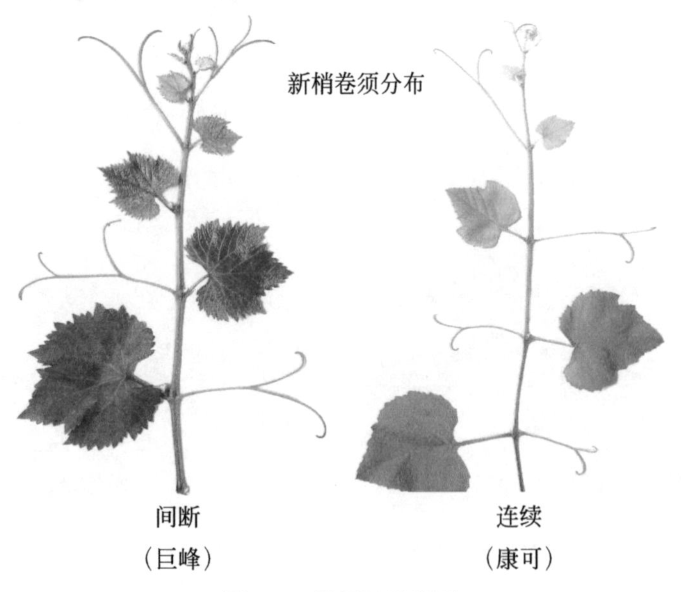

图1-9　卷须及其类型

2.花序

花序（图1-10）在新梢上发生的位置与卷须相同，但通常只着生在下部数节。欧亚种群，1个结果枝上有1～2个花序，多着生在新梢的第5、6节；美洲种群和欧美杂交种，1个结果枝有1～4个花序或更多，多从新梢的第3～4节开始着生。结果枝上的花序，自下向上依次变小。结果枝所占比例与品种、栽培条件有关，欧美杂交种的结果枝率达90%以上。通常肥水充足、栽培条件好的葡萄树结果枝百分率比较高。

图1-10　花序

葡萄的花序在植物学上属聚伞圆锥花序，或复总状花序，由花序轴、花梗和花朵组成。1个发育完全的花序有花蕾200～1500朵不等，花序中部的花朵质量最好。四倍体葡萄品种的花序大，花朵也大。

3. 花

葡萄的花很小，根据花朵内雌蕊和雄蕊发育的不同情况，可分4种主要类型（图1-11）。① 完全花（两性花），具有正常的雌蕊和雄蕊，雄蕊直立，花丝较长，花药内有大量可育性花粉。② 雌性花，雌蕊发达，雄蕊的花丝短且开花时向下弯曲，花粉无发芽能力，表现雄性不育。雌能花葡萄在授粉情况下，可以正常结果，否则只形成无核小果，并落花落果严重。③ 雄性花，雌蕊退化，仅有雄蕊，不能结实。④ 不完全花，具有发育正常的雄蕊和柱头畸形的雌蕊，大多数情况下雌蕊不能够授粉受精结实，但在特殊年份雌蕊能够接受花粉，受精形成果实。

雄性花
（蘡薁）

两性花
（巨峰）

雌性花
（郑果8号）

图1-11　葡萄花性

生产上绝大多数品种为两性花，可以自花结实或异花结实。少数品种为雌能花，如黑鸡心等。葡萄野生种类常为雌雄异株，一些砧木品种也是单性花，420A、110R、SO4为雄性花品种。

完全花由花梗、花托、花萼、雌蕊、蜜腺、雄蕊等组成。花萼不发达，5个萼片合生，包围在花的基部，5个绿色花瓣自顶部合生在一起，形成帽状花冠，开花时花瓣基部与子房分离，并向上外翻，呈帽状脱落。每朵花有雌蕊1个，子房上位，心室2个，每室有2个倒生胚珠，子房下部有5个圆形的蜜腺；雄蕊5个，有时可达6～8个，由花丝和花药组成。花药上有花粉囊，开花时花粉囊纵裂，花粉散出。

葡萄的花粉很小，黄色，二倍体与多倍体花粉粒的大小与形态有所差别。四倍体花粉粒明显大于二倍体，如巨峰花粉粒的直径比白香蕉的大32%左右。多倍体的花粉发芽较慢，花粉管短而粗，发芽率低于二倍体。

葡萄大部分品种需经授粉受精后方可发育成果实，这些果实大都是有籽的，但有些品种种子败育形成无核葡萄。某些品种可不经受精，子房也能自然膨大发育成果实，这种现象称为单性结实，发育成无核葡萄。也有少数品种开花时，部分花朵花冠并不脱落，而在花朵内进行自花受精，这种方式叫闭花受精。

四、果粒和果穗

1.果粒

葡萄的果实称为果粒，由子房发育而成，包括果梗（果柄）、果蒂、外果皮、果肉（中果皮）、果刷等组成。果粒的大小因品种而异，表现在果粒重及纵、横径等方面。果粒形状有扁圆形、圆形、卵圆形、椭圆形、弯形等类型（图1-12）。

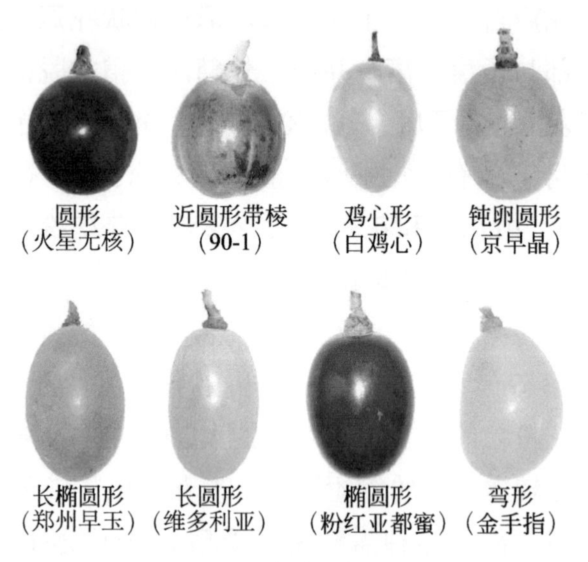

图1-12 葡萄果粒形状

果粒颜色，主要由果皮中的花青素和叶绿素含量的比例所决定，也与果粒的成熟度、受光程度及成熟期大气的温湿度有关。果皮的颜色可分为绿黄色、粉红色、红色、紫红色、蓝黑色等（图1-13）。

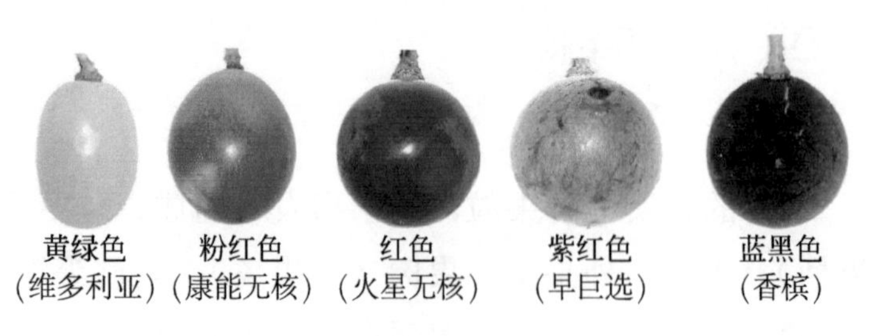

图1-13 果皮颜色

果粒的结构特点，包括果粒大小、果肉质地、果刷大小，以及果皮细胞壁的厚薄等都影响果粒的耐压力和耐拉力，从而影响葡萄的耐储运性。

2. 果穗

葡萄经开花、授粉、受精、坐果后，花朵的子房发育成果粒，花序形成果穗。果穗由穗轴、果梗及果粒组成。果穗因各分支的发育程度不同而成各种形状，如圆柱形、圆锥形和分枝形等（图1-14）。

图1-14　果穗形状

穗梗上有节，称为穗梗节，从穗梗节上常常分化出卷须，其上有少数花朵，并能发育成1个果穗分支，有时甚至形成相当发达的副穗。各级穗轴分支有比较发达的机械组织和输导组织，能有效地承受果实重量，并保证向果粒中输送大量养分。

果穗上果粒着生的紧密度，通常分为极紧（果粒之间很挤，果粒变形）、紧（果粒之间较挤，但果粒不变形）、中等（果穗平放时，果穗稍有变形）、松（果穗平放时，果穗显著变形）、极松（果穗平放时，果穗所有分枝几乎处于一个平面上）（图1-15）。果粒的大小和紧密度对鲜食品种较为重要，鲜食葡萄的果穗以果穗丰满、果粒充分发育、紧密度适中为佳。

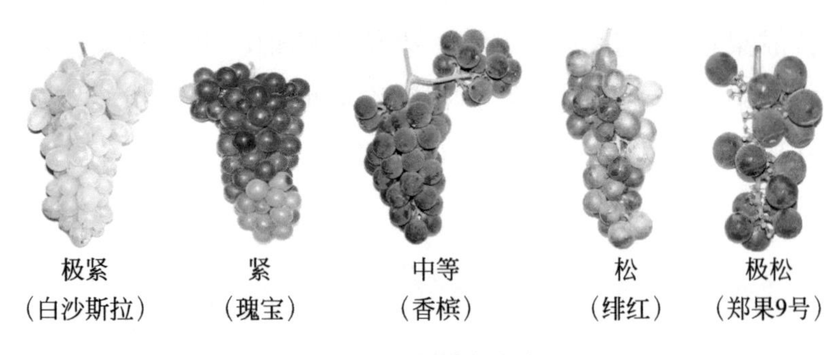

图1-15 果穗紧密度

五、抹芽和定枝

1.抹芽

抹芽就是将树体上萌发的芽在长成新梢前将其抹除，以节省树体养分，规范树形。主要针对的是主干、主蔓上萌动的隐芽，对于结果枝组上萌发的芽，一般不抹除。抹芽的时期以芽眼展开看到叶片但叶片又未从包裹的绒球中展露出来前为最佳（图1-16），如萌芽不整齐，可以分批分次进行。

2.定枝

定枝又称定梢，就是根据需要选留芽眼萌发形成的新梢，及时抹除一些新梢既可节约树体养分，又可以使新梢分布合理，为后面的整形修剪打好基础。定枝一般分2次进行。

图1-16　适宜抹芽的时期

第一次在新梢长到长3～4厘米时进行。抹去主干、主蔓上没有生长空间的萌蘖枝、结果母枝和预备枝上单个芽萌发出的两个新梢或三个新梢中生长相对较弱的1个新梢（图1-17）。

图1-17　第一次定梢，抹去芽眼中一个弱枝

第二次在新梢长到10～20厘米能够看到花序时进行，首先对单个芽眼进行定枝处理，每个芽眼保留一个带花壮枝，如没有带花新梢，则保留位置靠近主蔓的一个壮枝（图1-18）。其次树体定枝，确定一棵葡萄保留的新梢数量。通常将那些无生长空间且不用于树形或枝组

图1-18　第二次定梢每个芽眼保留一个新梢

图1-19　第二次定梢对树体上新梢的排布

更新的新梢去除（图1-19）。

定梢是控制葡萄架面上新梢着生部位、数量的有效方法，通常要根据整形的要求和架面最佳叶幕所容新梢数量来实施。无论棚架或篱架栽培，都要根据品种的生长、结实特性和预期产量，来决定留梢量。小棚架栽培，每米枝蔓可留8个左右的新梢；单臂篱架栽培的鲜食葡萄，每米架长可留8～10个新梢；双十字架栽培，每米架长可以保留12个左右。

六、新梢摘心和副梢处理

1.新梢摘心

摘心即摘除新梢顶端，可抑制顶端生长。花前摘心，可使同化养分较多地转移到花序，促进花序的生长和花的发育，减少落花落果，提高坐果率。

自然坐果率较低的品种（如巨玫瑰、巨峰等）在花前1周内对结果枝在花序以上留4～6片叶摘心较为适宜，其他新梢留8～12片叶摘心。一般酿酒葡萄和坐果率较高的葡萄品种，摘心不单独进行，常和引缚新梢同时进行。

2.副梢处理

随着新梢生长，夏芽副梢很快生长出来。为保持架面通风透光，应对副梢进行处理。

副梢处理可根据品种特性和新梢势采用不同处理方法。直接抹除，就是将副梢直接从基部去除，常用于冬芽不易萌发的品种（如京亚、巨峰等）。“单叶绝后”，即副梢留1片叶摘心，同时将副梢叶腋的夏芽和冬芽全部抹除，适用于冬芽容易萌发的品种（如红地球、美人指等），或节间长度超过20厘米、严重徒长的新梢，这种副梢处理方法可有效地增加叶面积，同时避免保留副梢反复摘心的麻烦（图1-20）。

图1-20　副梢的“单叶绝后”处理

七、新梢引绑

随着葡萄整形修剪方式的推陈出新和“高宽垂”树形的推广，我国已有相当数量的葡萄园，由原来在篱架面上的垂直绑缚新梢，改为引缚生长。引缚新梢应在新梢生长到50厘米左右开始，以后随着新梢的生长还要进行多次。引缚新梢的目的是使新梢均匀、合理地排列在架面上，保持通风透光和新梢、果穗的有序生长。

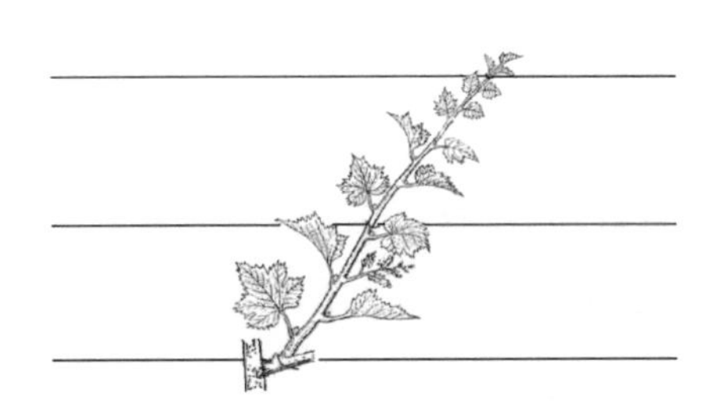

图1-21　葡萄新梢的倾斜式引绑

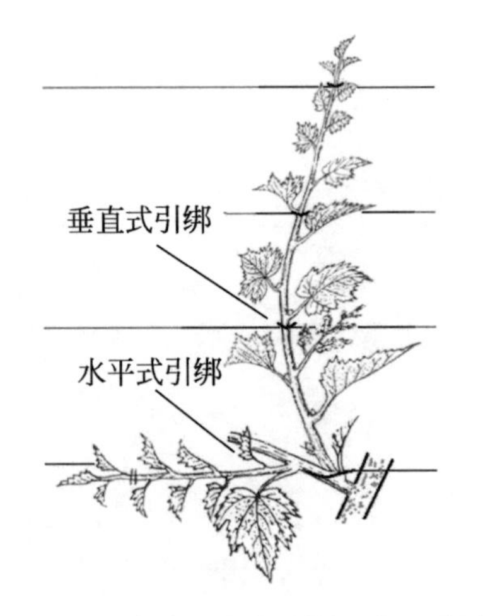

图1-22　新梢的垂直式引绑和水平式引绑

新梢引绑主要有倾斜式、垂直式、水平式、弓形引绑及吊枝等方法。倾斜式引绑适用于各种架式，多用于引绑生长势中庸的新梢，以使新梢长势继续保持中庸，发育充实，提高坐果率及花芽分化(图1-21)。

垂直式引绑和水平式引绑（图1-22）多用于单臂篱架，垂直式引绑主要用于细弱新梢，利用极性促进枝条生长；水平式引绑多用在旺梢上，用来削弱新梢的生长势，控制其旺长。弓形引绑适用于各种架式，用于削弱直立强旺新梢的生长势，促进枝条充实，较好地形成花序，提高坐果率。具体操作为：以花序或第5～6片叶片为最高点将新梢前端向下弯曲引绑（见图1-23、图1-24）。

图1-23　篱架面的新梢弓形引绑

图1-24　棚架面的新梢弓形引绑

吊枝多在新梢尚未达到铁丝位置时用引绑材料将新梢顶端拴住，吊绑在上部的铁丝上。对春风较大的地区，尽量少用吊枝，因为新梢被吊住后，反而更容易被风从基部刮掉。

在新梢引绑时，如果新梢生长的角度不好，不能直接引绑到位，则可以将其轻度扭伤后引绑，如果扭伤后引绑还有困难，最好等到生长牢固、不容易折断时再进行引绑。

八、除卷须、疏花序和花序修整

1.除卷须

卷须在栽培状态下已失去其攀缘作用的原有意义，反而会缠绕枝蔓、果穗，造成树形紊乱，老熟后又不易除去，影响修剪和采收。因此，应在摘心、引缚新梢、去副梢时，加以去除（图1-25）。

2.疏花序和花序修整

葡萄结果枝有时会带有1个以上的花序，为了节约树体养分，通常会将多余的花序去除。对于中小花序品种（如京亚、巨玫瑰），每个结果枝保留一个花序，个别生长旺盛的新梢，保留两个花序；对于大花序的品种（如红地球、美人指），每个结果枝保留一个花序。疏花序的时间并非越早越好，而是在花序不再会退化的时候进行，疏花序时，最好保留生长方向朝向行间的下部花序，通常这样的花序发育比较充分，同时便于后面的操作（图1-26）。

图1-25　除卷须

图1-26　疏花序

保留下的葡萄花穗也会有300～1500朵小花，在开花前疏除一部分花，可以集中营养，使保留下来的花发育健壮，减少自然落花、落果。因此，疏花是大粒鲜食葡萄优质栽培的一项重要技术措施。疏花包括去副穗、去分枝和掐穗尖。

九、疏果穗和果穗修整

疏果穗和果穗修整是提高鲜食葡萄品质的一项重要技术措施，可显著地改进果穗和果粒的外观品质和提高果实的内在质量。

疏果穗和果穗修整应在生理落果后进行，首先将树上负载量过大的果穗去除一部分，主要是弱枝上的果穗、带有两个果穗中庸枝上的一个果穗，其次是发育畸形、果面被病虫为害或农药污染、影响后期发育和果实质量的果穗。

保留的果穗应去除受精不良、向外突出、长在果穗中间的果柄细长的瘦小果、病虫果、畸形果，保留果柄粗长、长圆形、大小均匀、色泽鲜绿的幼果（图1-27）。疏果时间的早晚与果粒增重有密切关系，因此，疏果应尽早进行。

图1-27　果穗修整

十、套袋

套袋是将葡萄果穗套入果袋内，在与外界隔离的情况下生长，是一种生产优质鲜食葡萄的一种技术措施（图1-28）。套袋可以避免白腐病、炭疽病、黑痘病等多种葡萄果实病害的侵染，减少农药、尘土等环境污染，提高果实商品价值、增加经济效益，是发展无公害葡萄的重要途径。

图1-28　果穗套袋

十一、环剥和环割

环剥是生长期内在结果枝上或主干、主蔓上，环状剥去一小部分树皮（韧皮部）（图1-29），如果只割伤而不将树皮剥去则为环割（图1-30）。环剥和环割可在短期内中断营养物质向下输送，保证环剥带以上的枝叶、果穗获取充足营养，提高坐果率、增大果粒、促进果实着色和提早果实成熟。

不同时期的环剥和环割可以产生不同的作用。在开花前或谢花后进行分别可以促进坐果和果粒膨大，果实转色前进行则可以促进果实成熟。环剥宽度为4～6毫米。切勿环剥过宽，否则伤口不易愈合，导致枝蔓枯死。

图1-29　主干环剥

图1-30　主干环割

环剥后，伤口应用保护性杀菌剂涂抹，并随即用黑色塑料薄膜包扎，防止病菌感染。环割的作用要比环剥轻许多，为了增加效果会在同一时间内在同一部位连续进行2～3次环割。

十二、多次结果技术

多次结果是充分发挥葡萄增产潜力的有效技术措施，是在主梢结实的基础上，利用冬芽或夏芽副梢，当年获得第二次或更多次的结果（图1-31）。特别是在葡萄园遭到冻害，或因管理不善、一次果严重减产的情况下，通过二次结果，可挽回产量的10%～50%。在某些葡萄（特别是巨峰和户太8号）花期气候条

图1-31　利用副梢二次结果

件不良或果实成熟期多雨、病害重的地区，索性舍弃一次果，全部利用二次果，也可获得较好的经济效益。

葡萄多次结实技术必须以品种特性为依据，并非任何品种都可以多次结实。二次果坐果率高、果穗紧密、颜色鲜艳，成熟期比一次果晚30～40天。但果粒较小、品质风味稍差。为提高二次果的质量，应加强葡萄园的肥水管理。为获得多次结果的效益，应根据品种特性和栽培管理水平，正确选择和掌握主、副梢摘心及副梢剪除的时间和方法。

十三、摘老叶

摘除老叶可使果穗接受更多的光照，是酿酒葡萄园近年来开始采用的一项提高葡萄品质的技术措施，特别是红色酒用葡萄品种。通过摘除老叶，提高光照，可使葡萄浆果的糖度、花色素和单宁物质含量增加，降低对葡萄酒质量有不良影响的苹果酸，还可以促进浆果成熟，减少病害发生。

图1-32 摘老叶

酿酒葡萄摘除老叶，在浆果成熟前1个月进行，将新梢基部第1～5片叶摘除，并顺理果穗，使75%的果穗暴露在阳光之下（图1-32）。鲜食葡萄

在未套袋葡萄果实开始转色或套袋果实摘袋后，去除果实附近遮挡果实的2～3个叶片，以增加光照，促进果实上色。

第二节　冬季修剪常用术语

一、葡萄树各部位名称

冬季葡萄成龄植株的枝蔓由主干（也有无主干的）、主蔓、侧蔓（也有无侧蔓的）、枝组、结果母枝、一年生枝等组成（图1-33）。主干是指葡萄树从地面到着生第一个枝组的这段树体；从第一个枝组向上的树体称谓为主蔓（单干水平树形则为结果臂）；主蔓上直接着生的枝条称为枝组，枝组上保留的用于来年萌发形成新梢结果的一年生枝，经修剪后称为结果母枝。

图1-33　葡萄各部位枝蔓的称谓

1—主干；2—主蔓；3—结果枝组；4—一年生枝

二、芽、刻芽和回缩

1. 芽

葡萄的芽位于新梢叶腋中，一般分为三类：夏芽（图1-1）、冬芽（图1-3）和隐芽（潜伏芽）。夏芽不能越冬，当年形成，当年萌发，抽生的枝条为副梢。冬芽就是我们冬季在一年生枝条上看到的芽，生长部位于夏芽副梢的基部，抽生的枝条称为新梢也叫主梢。冬芽由一个主芽和2～6个副芽（又称后备芽）组成。正常情况下冬芽越冬后才能萌发，其结构见图1-34。

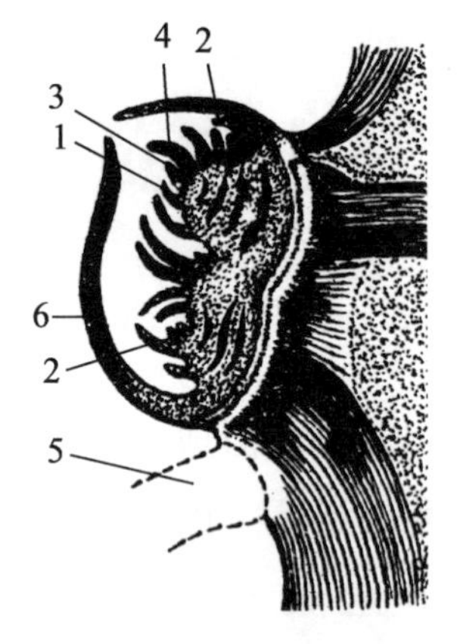

图1-34　葡萄冬芽结构图
（引自严大义）
1—主芽；2—副芽；3—花序原基；4—叶原基；5—已脱落的叶痕；6—鳞片

隐芽一般潜伏在皮层下维持微弱的生长，只有受到强烈刺激时才会萌发，如重回缩等（图1-35）。

图1-35　重回缩后刺激隐芽萌发形成的新梢

2. 刻芽

刻芽是春季萌芽前，在芽的上方0.5～1厘米的地方，用刀切至木质部（图1-36）。目的是将枝干运输的养分聚集到芽眼，促使芽眼萌发，长成新的枝条。刻芽能够定向定位培养枝条，建造良好的树体结构，增补缺枝，平衡树势。刻芽能否明显起到上述作用，适时刻芽是关键，刻芽的时间应在葡萄伤流前进行。选择刻芽日期要注意天气状况，避开寒流侵袭。刻芽时还要准确掌握刀口与被刻芽的距离，以及刻时用力轻重和刻的深浅，这关系着刻芽的效果，也是刻芽成败的关键。过去刻芽多使用嫁接刀，现在有专用的刻芽剪。

3. 回缩

回缩也称缩剪，是指剪掉2年生枝条或多年生枝条的一部分（图1-37）。回缩的作用因回缩的部位不同而不同。一是复壮更新，将前段生长衰老的部分剪除，刺激下部已有的枝条生长代替原有枝条；二是抑制作用，将前端生长旺盛的部分剪除，保留下部生长较弱的枝条，以抑制树体的过快生长。通常回缩会导致伤口处的隐芽大量萌发。

图1-36　刻芽

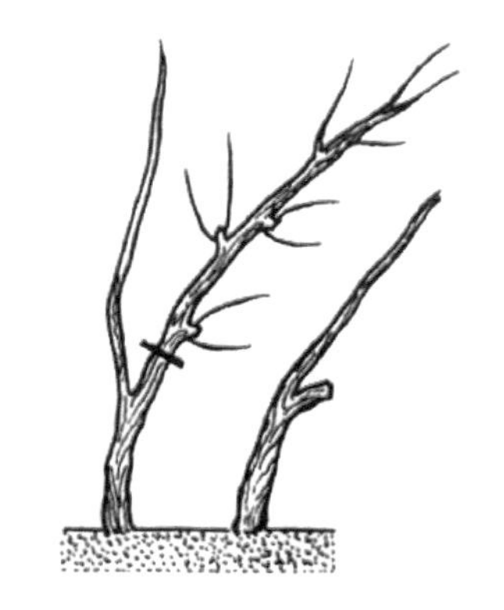

图1-37　主蔓回缩（引自严大义）

三、一年枝条的剪截

一年生枝条的修剪包括疏除、极短梢修剪、短梢修剪、中梢修剪、长梢修剪和超长梢修剪，具体规格和适用品种见表1-1。

表1-1　一年生枝剪留长度及适用品种

名称	留芽量	适用品种或目的
极短梢修剪	1芽	适用于花芽分化节位低的品种（如京亚、巨峰、户太8号、藤稔、香悦和金手指等品种）的修剪
短梢修剪	2～3芽	
中梢修剪	4～8芽	适用于花芽着生部位较高的品种（红地球、美人指、克瑞森无核等品种）的修剪
长梢修剪	9～13芽	适用于大多数品种幼树延长头的修剪
超长梢修剪	15芽以上	

一年生枝条剪截的具体部位和形状见图1-38，截枝时要截在离芽3厘米左右的位置，不可离芽太近，以免失水干枯。

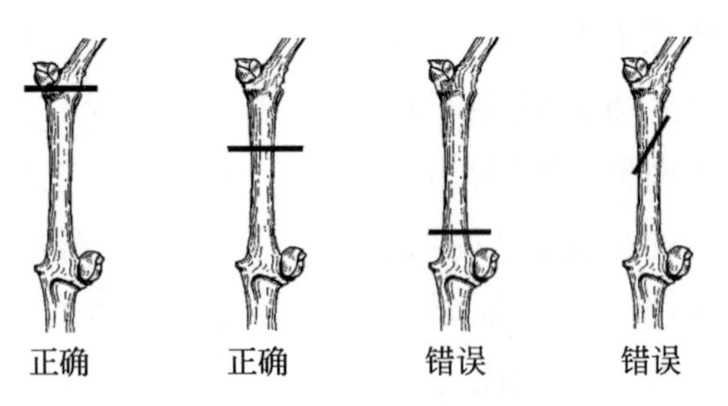

图1-38　一年生枝条剪截的部位

四、单枝更新、双枝更新

选留同一老枝上基部相近的两个枝为一组，下部枝条留2～3芽短截，作为预备枝（并不代表不能结果），上部枝条根据品种特性和需要，进行中、短梢修剪，一般留3～5个芽进行结果，称为双枝更新。如果冬剪时将结果母枝回缩到最下位的一个枝，并将该枝条剪留2～3芽作为下一年的结果母枝，这个短梢枝即是明年的结果母枝，又是明年的更新枝，结果与更新合为一体（图1-39、图1-40）。

图1-39　单干单双臂树形结果母枝的更新修剪
1—双枝更新；2—单枝更新

图1-40　独龙干树形结果母枝的更新修剪
1—单枝更新；2—双枝更新

五、结果母枝的剪留量

结果母枝留量的多少应根据品种特性、架式特点和产量等因素确定。首先通过每亩地的产量和果穗重量，推导出需要保留的结果枝数量，再根据结果枝和营养枝的比例［通常为1 ：（0.2 ～ 0.3）］，推导出需要保留的新梢数，再根据每个结果母枝可以保留的新梢数，推导出需要保留的结果母枝数量。现实生产中没有这么复杂，通常结果母枝的剪留量标准为：采用双枝更新的葡萄园，干高以上每米蔓长留3个结果枝组，6个结果母枝；采用单枝更新的葡萄园，干高以上每米葡萄蔓长留6个结果母枝。

六、出土、上架、绑蔓

在埋土防寒地区，春季葡萄枝蔓出土上架是一项重要工作。通常在春季萌芽前即应出土，并及时上架、绑蔓，使葡萄枝蔓均匀、牢固地分布在架面上和维持树形（图1-41、图1-42）。绑蔓用料习惯使用坚韧的麻绳、塑料绳、塑膜等。

图1-41　葡萄树出土

图1-42　葡萄树引绑上架

第二章

葡萄生产中常用的架式及其搭建

葡萄为木质藤本植物，栽培时需要搭架以支撑枝蔓攀缘生长，从而呈现一定的树形，因此在葡萄生产上葡萄架式对葡萄树形的选择、培养和整形修剪都具有决定性的影响。目前，我国葡萄产业正在迈向现代化，生产方式正在发生转化，与此相伴随的葡萄架式也处于新的变革时期，各种改良型葡萄架势也应运而生。选择恰当的葡萄架势，配套合适的树形及合理的管理措施，是提高葡萄产量和果品质量的一大保障。

第一节 我国葡萄栽培架式的演变

在人工栽培条件下，葡萄植株通常需要依附某种支架才能良好地生长和结果。在漫长时期中，我国一些古老葡萄产区多采用棚架栽培。所用架材一般就地取材，多用木柱、木杆等。在一些富产石材的山区，则用石柱（见图2-1），从而产生了许多某些富于地方特色的架型，如河

图2-1 山东蓬莱的石柱

图2-2　河北宣化地区的漏斗架

图2-3　河北昌黎地区的庭院棚架葡萄

北宣化等地的漏斗架（见图2-2）、河北昌黎的庭院棚架（图2-3）等。该类架式就地取材搭建灵活方便，但管理相对粗放，直到华侨张弼士在烟台创办张裕葡萄酿酒公司后，我国才开始大规模采用篱架栽培模式。

新中国成立后，我国葡萄栽培架式经历了三次较大的改良和发展，第一阶段是20世纪50年代，随着从前苏联和东欧国家大量引进葡萄品种和苗木，在华北及黄河故道等地建立现代化的篱架栽培葡萄园，水泥材质的架材开始在生产上应用，这个时期由于物质缺乏，为了节省材料，制作的水泥柱多为三角形立柱（图2-4）。

第二阶段是20世纪70～80年代，随着改革开放，中国葡萄产业突飞猛进地发展。酿酒葡萄仍以篱架栽培为主，但在鲜食葡萄产区，比较规范的小棚架亦获得大量发展，十字形架（T形架）开始在生产上应用（图

2-5），使用的葡萄架材材质主要为水泥材质，钢构架材也开始在生产上应用。

图2-4　酿酒葡萄园使用的水泥材质搭建的单臂篱架

图2-5　使用水泥立柱木质横梁的双十字架

第三个阶段是本世纪初到现在，十字形架及其改进行架式成为葡萄生产上的主流架式，同时将架材和避雨设施搭建合二为一的模式在葡萄生产上开始广泛应用（图2-6）。架材的材质也由水泥材质向钢构材质过渡（图2-7）。

图2-6　葡萄架和避雨设施合二为一架形

图2-7　全钢构的双十字架

第二节 我国葡萄生产上的常用架式

一、篱架

这类架式的架面与地面垂直或略倾斜，葡萄枝叶分布在架面上，好似一道篱笆或壁篱，故称为篱架。篱架在葡萄栽培中应用广泛。其主要类型有单壁篱架、双壁篱架、十字形架（T形架）和Y形架等。

1. 单壁篱架和双臂篱架

（1）单壁篱架　主要由立柱和其上的拉丝构成，通常立柱高2.0～2.5米，地上部架高1.5～2.0米，地下部入土50厘米，立柱行间距离为2.0～3.0米，行上距离4.0～6.0米，其上架设3～5道拉丝（见图2-7）。从地面向上数的第一道拉丝称为定干线，距地面距离为80～120厘米，第一道拉线再向上的拉丝称为引绑线，间距为40厘米左右。近年来随着滴灌的推广在定干线下距地面50厘米左右还会再架设一道拉线，用于固定滴灌管（见图2-8）。葡萄树向上生长，当布满架面后，远看像一个篱笆墙。该架式的主要优点是适于密植，树形成形早，前期产量高，便于机械化管理，其缺点是有效架面较小，利用光照较不充分。目前在酿酒葡萄上应用得较为普遍，鲜食葡萄也有应用。

图2-8 单臂篱架葡萄园立柱间距

（2）双壁篱架 双壁篱架是对单臂篱架的一种改良，将原来定植行上的单行立柱，换成间距60～100厘米的等高埋设的双行立柱（图2-9）。通常水泥立柱高2.0～2.6米，柱粗（长×宽）（8～12）厘米×（8～12）厘米，埋入土中50厘米左右，地上部1.5～2.1米，柱间距（1.5～3.0）米（葡萄行间柱间距）×（4.0～6.0）米（葡萄行上柱间距）。立柱上每隔30～40厘米拉一道铁丝。植株栽在两篱架下面，枝蔓分别向两侧架面上爬。

（3）单、双壁篱架的架材构成和规格 单、双壁篱架主要由立柱（边柱、中柱、支柱）、拉丝（定干线、引绑线、锚线）和锚石组成（见图2-10）。

图2-9　双臂篱架

图2-10　水泥材质的单臂篱架系统

1—边柱；2—中柱；3—支柱；4—锚线；

5—埋入土中的锚石；6—定干线；7—引绑线

立柱常见的有水泥柱（见图2-10）、镀锌钢管柱（图2-11）、镀锌矩钢柱三种。但在部分地区（如我国南方）利用当地丰富的竹木资源作为立柱（图2-12）、山东蓬莱地区使用石柱作为立柱（图2-1）等。边柱、中柱和支柱可以是同一材质同一规格，也可以是不同材质不同规格，但因为边柱要承担主要的拉力，通常边柱应比中柱的规格大一些。

图2-11　钢管材质的单臂篱架　　图2-12　木质材质的单臂篱架

水泥柱的规格：边柱为12厘米×12厘米×（200～250）厘米（长×宽×高），中柱的规格为（8～10）厘米×（8～12）厘米×（200～250）厘米（长×宽×高）。镀锌钢管材质立柱规格：边柱直径1.25英寸（1英寸＝2.54厘米）以上，长度200～250厘米的国标镀锌钢管，中柱为直径1.0英寸，长度200～250厘米的国标镀锌钢管。镀锌矩钢立柱规格：边柱为7厘米×7厘米×（200～250）厘米（长×宽×高），中柱为5厘米×5厘米×（200～250）厘米（长×宽×高）的国标镀锌矩钢。木质立柱规格：边柱直径15厘米以上，长度200～250厘米；中柱为直径10厘米以上，长度200～250厘米，埋土的下端还必须进行防腐处理。木柱的使用的使用年限较短，尤其是在湿度较大和有白蚁危害的地区使用年限更短。

拉丝：一般3～5道，位于最下面的定干线由一根拉丝组成，距地面距离为80～120厘米，一般采用12～14号的镀锌钢丝。定干线上每隔30～40厘米再架设2～3道拉丝，组成引绑线，通常采用14～16号的镀锌钢丝。

锚线和锚石：主要是用来固定边柱，通常锚线采用12～14号的镀锌钢丝，锚石一般为长宽厚（40～50）厘米×（40～50）厘米×（30～40）厘米的预制水泥块（图2-13），也可以用石块、水泥砌块代替。

图2-13　水泥预制的锚石

2.活动式双壁篱架

活动式双壁篱架是我国北方埋土防寒区开张式双壁篱架的一个改进型架式，在我国云南地区有较广泛的应用。通常行间距2.8米左右，两壁之间的底部间距

图2-14 活动式双壁篱架

40～60厘米，顶部间距60～120厘米，地上部柱高1.8米左右。该架式最大的特点是中柱不埋土，而是放置在固定好的水泥墩上，中柱的上部通过铁丝固定到从边柱拉出的钢丝上。中柱的下部可移动，为进行小拱棚覆盖保湿升温管理提供方便（见图2-14）。

3.“十”字形架（单十字形架、双十字架和多十字形架）

通常立柱高2.3～2.5米，立柱埋入土中50厘米左右，地上部1.8～2.0米，立柱的行上距离为4.0～6.0米，行间距离为2.0～3.0米。如果只在立柱中上部安装一道横梁，则叫“十”字形架（见图2-15）；如果在立柱中上部固定两个横梁（通常一个横梁固定在立柱的顶部，一个横梁固定在立柱的中上部，两个横梁间距40～50厘米）称为双“十”字形架（图2-5、图2-7），也有在立柱上架设多个横梁的多十字架（图2-16）。建园时，横梁两端和立柱地面上0.7～1.2米处（定干线），都要牵引上

镀锌钢丝，从而形成一个完整的架材系统。

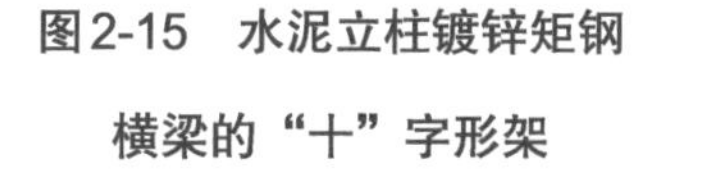

图2-15　水泥立柱镀锌矩钢横梁的“十”字形架

图2-16　张裕爱斐堡的多十字形架

该架式与单臂篱架相比具有树体间通风透光、架面空间大、产量高等优点，为葡萄生产上的理想架式。近年来通过对葡萄树形的改变，例如采用倾斜式单干单臂树形，该架式已开始在在埋土防寒区推广应用。

十字形架的架材构成和规格：葡萄十字形架（单十字形架、双十字架和多十字形架）主要由立柱（边柱、中柱、支柱）、横梁、拉丝（定干线、引绑线、锚线）和锚石组成（见图2-17）。

图2-17　水泥钢筋预制的双十字架

葡萄立柱常用的材质有水泥柱、镀锌钢管、镀锌矩钢三种与单臂篱架相同。

水泥柱的规格：边柱为12厘米×12厘米×（230～250）厘米（长×宽×高），中柱的规格为（8～10）厘米×（8～12）厘米×（200～250）厘米（长×宽×高）。镀锌钢管材质立柱规格：边柱为直径1.25英寸以上、长度230～250厘米的国标镀锌钢管；中柱为直径1.0英寸，长度230～250厘米的国标镀锌钢管。镀锌矩钢立柱规格：边柱为7厘米×7厘米×（200～250）厘米（长×宽×高），中柱为5厘米×5厘米×（200～250）厘米（长×宽×高）。木质立柱规格：边柱为直径15厘米以上，长度200～250厘米；中柱为直径10厘米以上，长度200～250厘米，埋土的下端还必须进行防腐处理。支柱则可以为（8～10）厘米×（8～12.0）厘米×200厘米（长×宽×高）的上下通直没有横梁的水泥柱，也可以为比边柱略短的镀锌钢管或矩钢。

在生产中有时会将立柱和横梁（如图2-17）使用水泥钢筋一次预制到位（图2-18）。

近年来随着简易避雨栽培技术的大面积应用，在制作葡萄立柱时将边柱和中柱柱的长度再延长80厘米左右，达到2.5～3.0米（上部横梁距离立柱顶端为80厘米左右），从而将避雨棚的立柱和葡萄架材的立柱合二为一（见图2-19、图2-20），避免后期的架材改造（见图2-21），即使后期不搭避雨棚也可以用来搭建防鸟网。

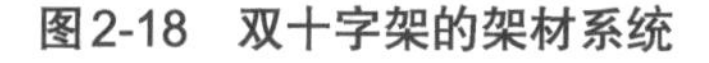

图2-18　双十字架的架材系统

图2-19　避雨棚立柱和葡萄立柱二合一的双十字形架（一）

图2-20　避雨棚立柱和葡萄立柱二合一的双十字形架（二）

图2-21　后期改造而成的简易避雨棚

横梁的材质主要有木质、竹质、镀锌角铁、镀锌钢管、镀锌矩钢等，木质和竹质横梁的粗度应在6厘米以上，角铁横梁应选择厚度0.3厘米以上、两边长为3厘米×3厘米以上的国标镀锌角铁，钢管横梁应选择粗度3/4英寸以上的国标镀锌钢管；矩钢横梁应选择厚度0.3厘米以上、3厘米×4厘米（长×宽）以上的国标镀锌矩钢。

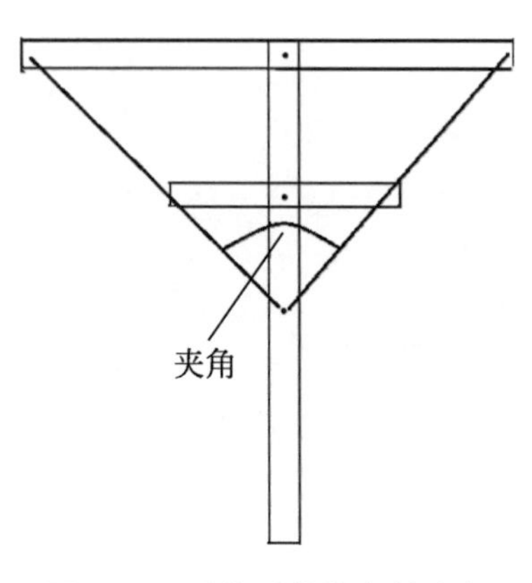

图2-22 引绑后的枝条的夹角

该架式横梁的长短至关重要。生长势旺盛的品种，横梁应适当加长，使引绑后的两侧枝条的夹角（图2-22）角度大于45°，以利于缓和树势，促进花芽分化。对于长势较弱的葡萄品种（如京亚、巨峰等），横梁的长度只要使引绑后的枝条与中柱的夹角角度不小于30°即可。通常单十字架的横梁长度为120～180厘米，双十字架的下部横梁60～120厘米，上部横梁100～180厘米。

拉丝、单十字架，由位于立柱上的一道定干线和位于横梁上2～4道引绑线组成。位于最下面的定干线定距地面距离为80～120厘米，一般采用12～14号的镀锌钢丝。如果是两道引绑线则分别位于横梁的两端，如果是四道引绑线则分别位于横梁距离中柱的中间位置和两端，采用14～16号镀锌钢丝。双十字架则由位于立柱上的定干线，采用12～14号的镀锌钢丝和横梁两端的引绑线组成，采用14～16号镀锌钢丝。

所用锚线和锚石与单臂篱架相同。

4.Y形架

Y字形主要由立柱、斜梁、拉线组成。在葡萄生产上常见的有两种类型。第一种为图2-23和图2-24所示的标准Y形架，在一个立柱的顶端固定两个张开的斜梁，为了让斜梁稳固，通常又使用一个横梁将两个斜梁连接。定干线固定在立柱和斜梁连接的位置，距离地面80～150厘米，引绑线一般为4根，分2层分别位于斜梁的中部和顶端，间距30～45厘米。该架式适宜在没有大风危害的地区使用。

图2-23　低干Y形架

图2-24　高干Y形架

另外一种是如图2-25所示的改良后的Y形架，该架式由立柱和立柱上焊接的斜梁和横梁组成。在立柱上拉定干线，距离地面

图2-25　改良后的Y形架

80～120厘米，在斜梁上拉2层共计4根引绑线。该架式结构坚固，适宜在有大风危害的地区使用。

整体而言，该架形立柱高2.4～2.5米，立柱埋入土中50厘米左右，地上部1.8～2.0米，立柱的行上距离为4.0～6.0米，行间距离为2.0～3.0米。立柱拉一道拉丝称为定干线，立柱两侧的斜梁上拉2层4根拉丝，成为引绑线，从而形成一个完整的架材系统。

Y形架的架材构成和规格：葡萄Y形架主要由立柱（边柱、中柱、支柱）、拉丝（定干线、引绑线、锚线）和锚石组成（见图2-23）。其中边柱与中柱的结构相同，但支柱则为一个上下通直没有横梁的水柱或钢管。

葡萄立柱和斜梁常用的材质有镀锌钢管和镀锌矩钢，水泥材质和竹材质的较少采用。镀锌钢管材质立柱规格：标准的Y形架的边柱为直径1.5英寸，长度1.3～2.0米的国标镀锌钢管；中柱为直径1.25英寸，长度1.3～2.0米的国标镀锌钢管。改良后Y形架边柱为直径1.25英寸，长度200～250厘米的国标镀锌钢管；中柱为直径1.0英寸，长度200～250厘米的国标镀锌钢管。镀锌矩钢立柱规格：边柱为7厘米×7厘米×（200～250）厘米（长×宽×高），中柱为5厘米×5厘米×（200～250）厘米（长×宽×高）。支柱则可以为（8～10）厘米×（8～12）厘米×（150～200）厘米的上下通直的方形水泥柱，也可以使用直径1.5英寸，长度200厘米的镀锌钢管或长、宽、高为7厘米×7厘米×

200厘米的镀锌矩钢。

斜梁一般使用与立柱材质、粗度相同的镀锌钢管或镀锌矩钢，长度一般为80～150厘米。该架形斜梁的开张角度较为重要。生长势旺盛的品种，角度大于60°，以利于缓和树势，促进花芽分化。对于长势较弱的葡萄品种（如京亚、巨峰等），横梁的长度只要使引绑后的枝条与中柱的夹角角度不小于45°即可。

图2-26　架设避雨棚的Y形架

近年来，在实际生产中为了降低制作难度，通常按照图2-26、图2-27的样式进行制作，称为改良式Y形架。近年来随着简易避雨栽培技术的大面积应用，利用立柱之间搭建避雨棚的横梁，使用12号镀锌钢丝代替图2-26、图2-27样式中的斜梁（图2-28），拉线在斜梁上的固定参照图2-29。

图2-27　带避雨棚的水泥立柱木质斜梁的Y形架

拉丝、定干线一般位于立柱和斜梁交汇的地方，一般采用12～14号

图2-28　用镀锌钢丝代替斜梁的Y形架

图2-29　镀锌钢丝代替斜梁的Y形架拉线在斜梁上的固定方法

的镀锌钢丝。引绑线则分别位于斜梁的中间位置和顶端，采用14～16号镀锌钢丝。

所用锚线和锚石与单臂篱架相同。

二、棚架

在立柱顶部架设横梁，在横梁上牵引拉丝，形成一个离地面较高、与地面倾斜或平行或隆起的架面，如果架面倾斜则叫倾斜式棚架（图2-30）、架面水平则叫水平棚架（图2-31）、架面隆起则叫屋脊式棚架（图2-32）。棚架又根据是单独架设还是连迭架设分为单栋棚架（图2-30、图2-32）和连栋棚架（图2-31、图2-33）。

棚架比较适于丘陵山地，也是庭院葡萄栽培常用的架式（图2-34）。在冬季防寒用土较多、行距较大的平原

图2-30　单栋倾斜式棚架

图2-31　连栋水平式棚架

图2-32　单栋屋脊式棚架

图2-33　连栋倾斜式棚架

地区，也宜采用棚架栽培。优点是土肥水管理可以集中在较小范围，而枝蔓却可以利用较大的空间。在高温多湿地区，高架有利于减轻病害。主要缺点是管理操作比较费事，机械作业比较困难，管理不善时易严重荫蔽，并加重病害发生。

图2-34　山区庭院的倾斜式棚架葡萄

1. 倾斜式棚架

按照行间和柱间距埋好立柱后，在立柱顶部垂直行向架设一端高一端低的横梁，顺行向在横梁上牵引数道拉丝，形成一个倾斜状的棚面，葡萄枝蔓分布在棚面上，通常架长50.0～100.0米，架宽3.0～4.0米，架根高1.2～1.6米，架梢高1.6～2.0米（见图2-35）。

图2-35　倾斜式棚架（棚篱架）

该架式因其架短，葡萄上下架方便，目前在我国防寒栽培区应用较多。其主要优点是：适于多数品种的长势需要，容易调节树势，产量较高又比较稳产。同时，更新后恢复快，对产量影响较小，冬春季上下架容易，操作方便，是埋土防寒区的理想架式。倾斜式小棚架配合鸭脖式独龙干树形，为埋土防寒区最为常见的类型，既可以减轻病虫危害，又有利于埋土防寒。

非埋土防寒区，常将架根提高到1.5米以上，在其上拉2～3道拉丝，再形成一个篱架面，保留部分结果枝组进行结果，以增加树形培养过程中的产量。生产上将这种改良过的倾斜式小棚架称为“棚篱架”（图2-35）。

倾斜式棚架架材构成和规格：主要由立柱（边柱、中柱、支柱）、横梁、拉线、锚线和锚石组成。在采用支柱固定的葡萄园，可以不使用锚线和锚石的稳固系统，但从架材安全性的角度考虑最好支柱和拉丝固定系统都要有。

立柱：常见的有水泥柱、镀锌钢管、竹木等三种。边柱与中柱相比，因为要承担主要的拉力，所以边柱应比中柱的规格大一些，但随着近年来葡萄立柱更多地采用水泥立柱和钢质立柱等较为坚固的材质，为了便于制作和施工，边柱和中柱逐渐采用同一规格同一材质。水泥柱的规格：边柱为12厘米×12厘米×（200～250）厘米（长×宽×高），中柱的规格为（8～10）厘米×（8～12）厘米×（200～250）厘米（长×宽×高）。镀锌钢管材质立柱规格：边柱为直径1.5英寸，长度200～250厘米的国标镀锌钢管；中柱为直径1.25英寸，长度200～250厘米的国标镀锌钢管。木质立柱规格：边柱为直径15厘米以上，长度200～250厘米；中柱为直径10厘米以上，长度200～250厘米，埋土的下端还必须进行防腐处理。支柱材质和规格与中柱相同。

横梁：材质与立柱相同，主要有水泥横梁、钢质横梁（钢管或矩钢）、竹木横梁。水泥横梁粗度一般为（10～12）厘米×12厘米（横截面的长×宽）以上，长度略大于行宽；使用钢管材质的横梁，则横梁直径应在1.25英寸以上。

对于采用水泥材质的葡萄园，可以将立柱和横梁制作成图2-36的式样，以便于架材的搭建，该立柱和横梁

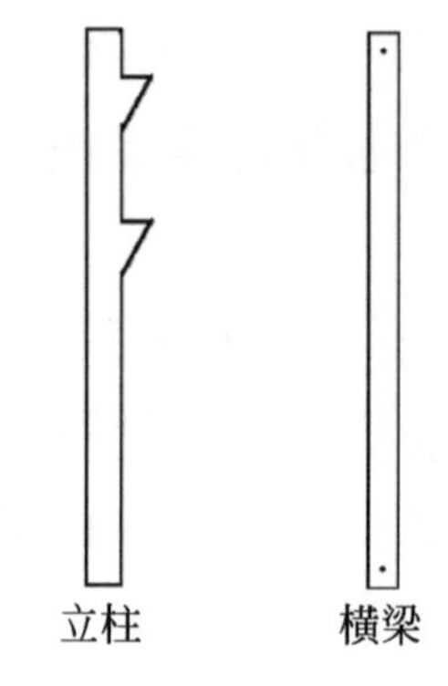

图2-36 棚架水泥立柱和横梁的式样

的设计也可用于水平棚架和屋脊式棚架。

拉丝：一般在架面上从架根到架梢等距离安装5～8道12～14号的镀锌钢丝，用于葡萄树的生长和结果。立柱上安装1～2道14～16号的镀锌钢丝，用于葡萄树的向上生长和临时结果。

锚线和锚石：主要是用来固定边柱，通常锚线采用12～14号的镀锌钢丝，锚石一般为（40～50）厘米×（40～50）厘米×（30～40）厘米（长×宽×厚）的预制水泥块，也可以用石块等代替。

2.水平棚架

通常采用柱粗为12厘米×12厘米（长×宽）、柱高2.2～2.5米的钢筋水泥柱或直径4厘米、高2.2～2.5米的镀锌钢管为支柱，按照行间和柱间距埋好后，在柱顶架垂直行向设横梁，顺行向牵引12号以上的镀锡钢丝，然后在架顶纵横牵引拉丝，形成一个水平架面。通常架长50.0～100.0米，架宽3.0～4.0米，架高1.8米左右（见图2-37、图2-38）。水平式棚架的优点是架体牢固耐久，架面平整一致；其缺点是一次性投资较大，架面年久易出现不平。

图2-37　镀锌钢管材质的连栋水平式棚架

图2-38　水泥材质的水平棚架

近年来随着塑料大棚促成栽培技术和避雨栽培技术在葡萄生产上的应用，水平式棚架重新得到重视，搭建时可以直接利用原有搭建大棚的立柱，从而节省架材投资，充分利用棚内空间（见图2-37、图2-39）。另外水平式棚架也常用于停车场或庭院（图2-40）。

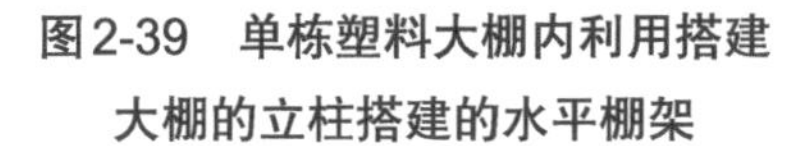

图2-39　单栋塑料大棚内利用搭建大棚的立柱搭建的水平棚架

图2-40　用于庭院和停车场的水平棚架

水平式棚架架材构成和规格：参照倾斜式棚架的架材构成和规格，二者的区别在于将横梁是水平放置还是

图2-41 水平棚架的水泥材质立柱

倾斜放置。如果采用水泥立柱除了可以参考图2-36，也可以参考图2-41，将水泥柱的顶部做成凹槽形，以方便横梁的安装和固定。

3.屋脊式棚架

屋脊式棚架与上述棚架的主要区别在于立柱顶部的棚面隆起成三角形（图2-42）、弧形（图2-43、图2-44）或半圆形（图2-45）。该架式主要用于葡萄园田间道路的美化，既可遮荫美化，又能生产部分果实（图2-44）。

屋脊式棚架架材构成和规格：架材构成和规格与水平式棚架类似，区别主要在于横梁，可根据需要制作成不同的弧度。

图2-42 棚面为三角形的屋脊式棚架

图2-43 棚面为轻微弧形的屋脊式棚架

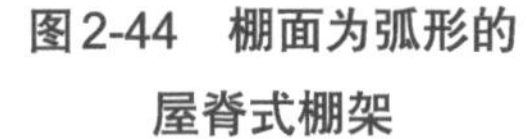

图2-44　棚面为弧形的屋脊式棚架

图2-45　棚面为半圆形的屋脊式棚架

三、篱棚结合的架式

高干“十”字形篱棚架

也称高干“V”架或高干“Y”架。一般采用2.5～3.0米的行距，4.0～5.0米的行上柱间距。过去多使用方形水泥柱，边柱规格的长宽高分别为15厘米、10～15厘米和230厘米，在水泥柱上距顶端5厘米处设置一个过线孔，便于固定边线；中柱的规格长、宽、高分别为12厘米、8～10厘米和230厘米，柱子一端的正顶面上设置一个深0.5厘米左右的十字形交叉凹槽，用来放置将来的经纬线，另外在立柱上距十字形交叉凹顶面5厘米处设置一个过线孔，用于固定将来的经纬线，同时在干高1.5～1.6米处有一个过线孔，用于固定将来的定干线。近年来多使用镀锌钢管代替原来的水泥柱，通常边柱使用直径5厘米以上、高度2.3米左右的镀锌钢管，中柱使用直径3.5厘米以上、高度与边柱一致的镀锌钢管，所有边柱和中柱都在距柱顶5厘米处设置两个呈十字交叉的过线孔，用于固定将来的经纬线，同样水泥立柱也要在干高1.5～1.6米处设置一个过线孔，用于固定将来的定干线。

边柱采用垂直埋设，埋入土中50厘米左右，边柱内侧设置支柱，外侧使用锚线和锚石加固，埋设好后，使用直径0.5～1.0厘米的钢绞线拉四周的边线，边线拉好后，再在边柱顶端使用镀锌钢丝或钢绞线牵引经纬线，并用铁丝将经纬线固定，然后在经纬线交叉点的位置埋设中柱，同时将经纬线固定到中柱顶端面的十字交叉凹槽内。该架式适用单干水平树形（图2-46、图2-47）。

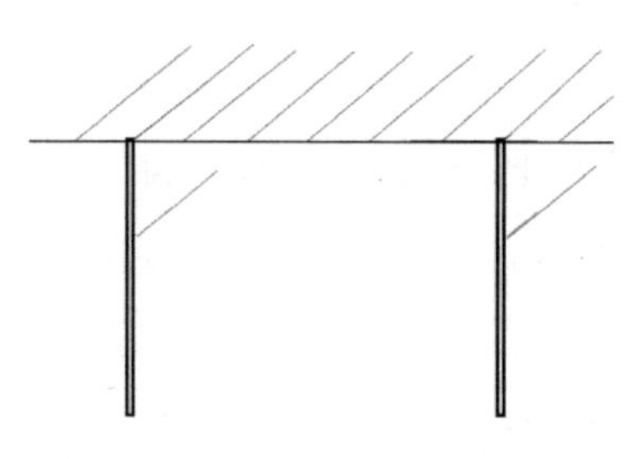

图2-46　高干“十”字形篱棚架

图2-47　水平棚架演变而成的高干“十”字形篱棚架

第三节 葡萄架式的选择

葡萄架式类型繁多，各有利弊。对于栽培架式的选择应从实际出发，要从“密植、高产、费工”为特征的各类葡萄架式中走出来。根据不同品种特性、地区气候环境特点、栽培管理水平等多项因素选择省工、防病、优质的葡萄架式。

一、首先要考虑的是便于机械化作业和人工管理

葡萄是一个投资较大、管理费工费时的果树，所以在建设葡萄园时，一定要把机械化作业、降低工人劳动强度和难度以及节省投资和管理费用放在首位，尤其面积超过100亩（1亩＝667平方米，下同）以上的葡萄园和酒庄。在这里要说明的是，决定葡萄树是否易于埋土防寒的关键因素是树形，而不是架式，所以从管理省工、节约成本的角度考虑，建议在酿酒葡萄上使用单臂篱架（图2-48、图2-49），在鲜食葡萄上使用十字形架（图2-5和图2-16），部分仍需要人工埋土防寒的地区也可以采用水平式大棚架或倾斜式小棚架鸭脖式独龙干树形（图2-50）。对于具有观光旅游功能的葡萄园，为了增加园区的观赏性，可以设置部分棚架，占天不占地，充分利用地面空间，又不影响葡萄产量（图2-51）。

图2-48　适宜机械化管理的木质立柱的单臂篱架酿酒葡萄园

图2-49　适宜机械化管理水泥材质的单臂篱架酿酒葡萄园

图2-50　适宜人工埋土防寒栽培的水平式大棚架鸭脖式独龙干树形

图2-51　连栋大棚内搭建的水平棚架（架上结果，架下餐饮）

二、必须适应当地的气候条件、地势地形和所选种植品种的生长特性

选择的架式必须适应当地的气候条件，在单位面积内容纳最大量进行有效光合作用的叶片，同时降低病虫害和气候危害，有利于树体生长和果实发育，实现丰产、优质和丰收。对于高温高湿的南方地区，适宜选择远离地面、通风透光、散湿的高干大空间架式，如带有避雨

棚的高干十字形架、高干Y形架（图2-52），如果是避雨大棚也可以采用水平棚架（图2-39）。对于我国西北地区，在生长季光照强烈、地面干旱高温、果实和叶片易发生高温障碍的地区建园，宜采用棚架，在果实上面形成一个遮阴层，减少果实接收到的辐射，降低温度。同样对于容易发生霜冻的地区选择离地面较高的棚架可以降低霜冻的危害（图2-53）。

图2-52　留有搭建简易避雨棚空间的高干十字形架和高干Y形架

图2-53　智利高山干热峡谷内采用的倾斜式棚葡萄园

选择架式要考虑栽培品种的生长特性，当种植生长势强旺的品种或果穗硕大、果穗梗长而偏脆的品种（如美人指、克瑞森无核）宜选择棚架；对于生长势弱、成花容易的品种（如京亚、黑色甜菜）可以采用株距2米以下的双“十”字形架。美人指、克瑞森无核等长势旺、成花力弱的品种，适宜采用架宽4米以上的棚架（倾斜式棚架、水平式棚架和棚篱架）或株距2米以上的双“十”字形架，有利于缓和树势、促进成花；而对于那些

图2-54　采用单臂篱架栽培的山地酿酒葡萄园

图2-55　智利依山而建的倾斜式棚架

图2-56　湖南黔城依地形搭架的棚架

生长势弱的酒用品种，如雷司令、黑比诺等，采用大棚架很难获得早期丰产和高产，则宜用单臂篱架。

地势地形对架式选择也有重要影响。坡度较大的葡萄园、土层较厚的地块可设等高线架设篱架，行距不宜超过2.5米（图2-54）。土层较薄的地块，宜顺山坡建倾斜式小棚架（图2-55）；地形、地势起伏变化较大的山地葡萄园，最好采用棚架，既可以充分利用空间，又便于葡萄架的搭建（图2-56）；庭院葡萄能充分利用宅旁、禽畜舍旁、路旁、渠井池旁等空间栽培，宜采用各种形式的棚架。

三、必须考虑将要采用的栽培方式和管理水平

在选择架式的同时，还应考虑到果实栽培中一些特殊要求。一些套袋栽培的葡萄品种，果实套袋后，果实的光照减弱，为促进果实着色，所选架式的通风透光条件要好，同时也要一定的遮阴，以减轻果实日灼病的发生，如十字形架、Y形架等；其次为了保持套袋果实的果粉完整，避免果实与枝蔓碰撞摩擦，以及为了套袋和摘袋工作的方便，所选架式最好能使果实悬垂到枝蔓下方，如高干十字形架、Y形架、水平棚架等；温室葡萄栽培采用单臂篱架和双十字架可充分利用光能和地力获得早期产量，有利于早期丰产，是一种较理想的栽植形式。

管理水平及劳力情况也是选择架形时必须考虑的因素，劳力充足、管理精细的葡萄园可选择棚架中的小棚架、篱架中的单壁篱架。这些架形都需严格控制新梢、副梢生长，夏季修剪较费工，而且管理稍有疏忽或劳力不济，架面极易出现枝梢郁蔽现象。另外在采用避雨栽培技术的地区，为了充分利用棚柱，节省投资，葡萄园适宜采用水平棚架（图2-57）；采用双十字架则会造成架材的反复搭建，导致

图2-57　利用连栋避雨棚内现有的支柱搭建的水平棚架

浪费（图2-58）；而采用简易避雨栽培的葡萄园则适宜采用双十字形架或Y形架（图2-19、图2-26）。

图2-58　避雨大棚内采用双十字架，造成架材的额外投入

第四节 葡萄架材的搭建

在建设大型葡萄园区时，能够使用的葡萄架形主要有单臂篱架、双十字形架、改良式Y形架、倾斜式棚架和水平棚架。

一、葡萄架材的准备

在葡萄架材搭建前，首先要根据所选用架形，将其构件罗列成名单（如边柱、中柱、支柱、拉线、锚线、锚石等），然后再将各构件的规格也确定下来，具体参照前面各架形的架材构成和规格，最后就是确定每个种植小区（具体到每个地块）具体架材各构件的数量。

如何确定每个种植小区各架材构件的数量？可以参

照下面的方法，首先对采用篱架（单臂篱架、双十字架、改良Y形架）栽培的葡萄园，一行葡萄树即需要一行葡萄架，所以一个地块种植葡萄的行数就是需要搭建葡萄架的数量；每行葡萄树种植的长度也就是葡萄架材需要搭建的长度。通常每行架材需要2个边柱、2个支柱、2根锚线、2个锚石、1道定干线、3～4根引绑线（单臂篱架3根、双十字架和Y形架各4根），葡萄中柱的数量则为葡萄行长÷葡萄行上柱间距–1（如果遇到非整数则四舍五入）。一个种植小区所需架材各构件的数量，则用上面计算出来的单个葡萄行所需的架材构件数量乘以该种植小区的葡萄行数，即可得出。

对于棚架则相对复杂些，原来生产上有采用单栋棚架的习惯（如图2-30或图2-59），近年来为了提高架材的利用率，葡萄园多采用连栋棚架（如图2-33、图2-37），一个种植小区（地块）葡萄立柱的行数为葡萄行数加1，每行架材需要2个边柱、2个支柱、2根锚线、2个锚石、中柱数量为行长÷行上柱间距–1（如果遇到非整数则四舍五入），横梁的数量为（中柱加边柱的数量）÷2（如果遇到非整数则四舍五入）。一个种植小区（地块）所需架材各构件的数量，则用上面计算出来的单行架材构件数量乘

图2-59　单栋倾斜式小棚架

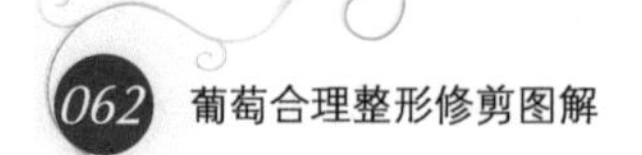

以该种植小区葡萄行数加1后的数值，即可得出。

二、柱间距的确定和画线定点

具体方法，首先测绘出每个种植小区的形状和边长，确定出该地块的行向和行宽，一般葡萄园都采用南北行向，东西行宽，但对于南北长度短于50米，东西长度又大于南北长度的葡萄园或山区小型梯田地，为了充分利用土地则适宜采用东西行向或与山地等高线平行的行向（图2-60）；如果地块的南北长度大于50米，无论东西长度为多少均适宜采用南北向，东西行宽。

其次根据该葡萄园将来的机械化管理水平，确定出该地块四周的作业道，通常行向所对两端的作业道与田间道路系统合二为一（在这里多说一点，葡萄园的道路路面应低于田间的地面，以方便车辆作业和田间排水）（图2-61），两侧的作业道人工管理的葡萄园作业道宽度为2 ～ 3米，使用机械管理的葡萄园为4米左右。

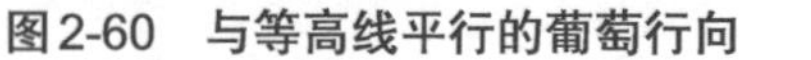
图2-60　与等高线平行的葡萄行向

图2-61　葡萄园四周的作业道

然后根据作业道的宽度和葡萄立柱的行间柱间距，放出所有需要埋设葡萄立柱的葡萄行，然后再根据葡萄立柱的行上柱间距放出所有葡萄行上需要埋设立柱的位置。通常篱架的行上柱间距为4～6米，简易避雨栽培为4米，露地栽培为6米，行间柱间距单臂篱架为2～3米，双十字架和Y形架2.5～3.0米。棚架行上柱间距为3～5米，行间柱间距为3～4米。

下面就以生产上经常见到的四边形、三角形和不规则形地块为例进行葡萄立柱埋设的划线定点（定位）介绍。

1.长方形地块的划线定点

第一步确定行向和行宽，首先使用卷尺和指南针，确定出该地块的方向和四个边的长度，然后根据前面介绍的方法，如果南北长度大于50米则采用南北行向、东西行宽。

第一步确定作业道的宽度和葡萄行数。根据自己的机械化管理水平确定出葡萄园两侧边行的作业道宽度，人工管理的葡萄园多为2～3米，使用机械管理的葡萄园为4米左右。然后通过计算，使用该地块的行宽扣除两侧的作业道宽度除以葡萄立柱的行间柱间距，即得出该地块的葡萄行数，如果得出的为非整数，则把两侧的作业道宽度进行加宽处理，使其得出整倍数即可。

第二步放线，根据已确定的行向和作业道的宽度使用量绳和白色的腻子粉放出两侧的边行，然后再根据行间柱间距放出中间的葡萄行，最后再根据葡萄行两端边柱埋设位点与道路的距离（边柱埋设位点与道路距离一般为3.0米左右，边柱埋设位点与锚石埋设位点的距离为1.5米左右）放出边行两端边柱的埋设位点［如图2-62（3）］，然后将两个边柱位点连接，放出一条直线，这条直线与葡萄行的交叉点就是其他葡萄行边柱的位点［如图2-62（4）］。

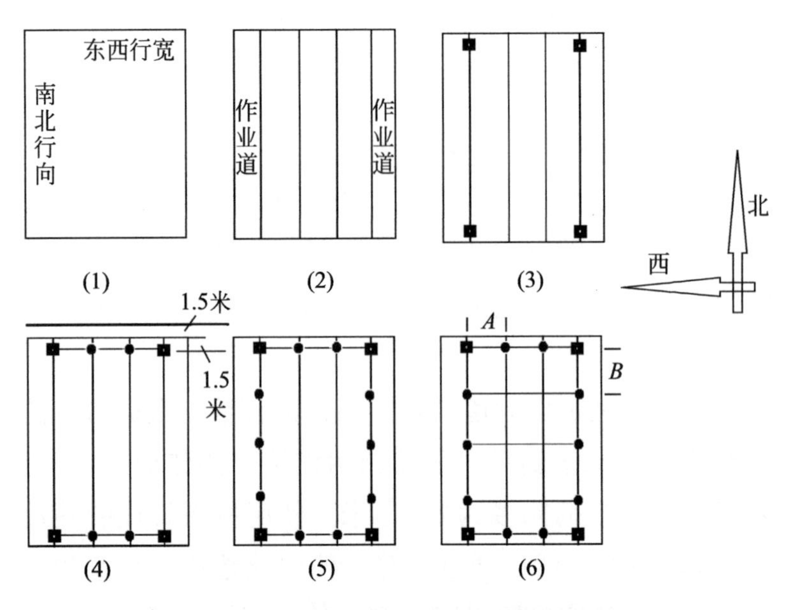

图2-62　葡萄立柱埋设位置的划线定点

A—行间柱间距；*B*—行上柱间距

（1）—一个测量出长度和宽度的方形地块；（2）—根据葡萄行宽度和作业道宽度，计算出葡萄行的数量，并确定具体位置；（3）—确定两侧边行上四个边柱的位置；（4）—确定所有葡萄行上边柱的位置；（5）—确定两侧边行上所有中柱的位置；（6）—确定所有葡萄行上中柱的位置

第三步定点，沿着两侧边行，根据行上柱间距，量出每个边行上的中柱位点，然后利用两侧边行上对应的两个中柱位点画直线［如图2-62（5）］，每条直线与葡萄行的交叉点就是中柱的位点［图2-62（6）］。如果遇到最后一个柱间距达不到标准柱间距（通常是中柱与边柱的距离）如果达到标准间距的1/2以上，则按照一个标准间距处理进行划线定点，如果小于1/2，则不再划线定点。

至此整个地块的葡萄立柱埋设位点的划线定点工作结束。

2.三角形地块的划线定点

第一步确定行向和行宽。首先使用卷尺和指南针，确定出该地块的方向和三个边的长度，然后根据前面介绍的方法，如果南北长度大于50米则采用南北行向、东西行宽。

第二步确定葡萄行数和作业道宽。首先以该地块南北向的边为底画出该三角形地块的高，并丈量出该高的长度。然后使用该高的长度扣除两端的作业道宽度，再除以葡萄立柱的行间柱间距加1，即得到该地块的葡萄行数。

第三步放线。根据已确定的行向和作业道的宽度平行地放出两侧的边行，然后再根据行间柱间距放出中间的葡萄行，最后再根据葡萄行两端边柱埋设位点与道路的距离放出边行两端边柱的埋设位点［如图2-63（4）］，然后将两个边柱位点连接，放出一条直线，这条直线与葡萄行的交叉点就是其他葡萄行边柱的位点［如图2-63（5）］。

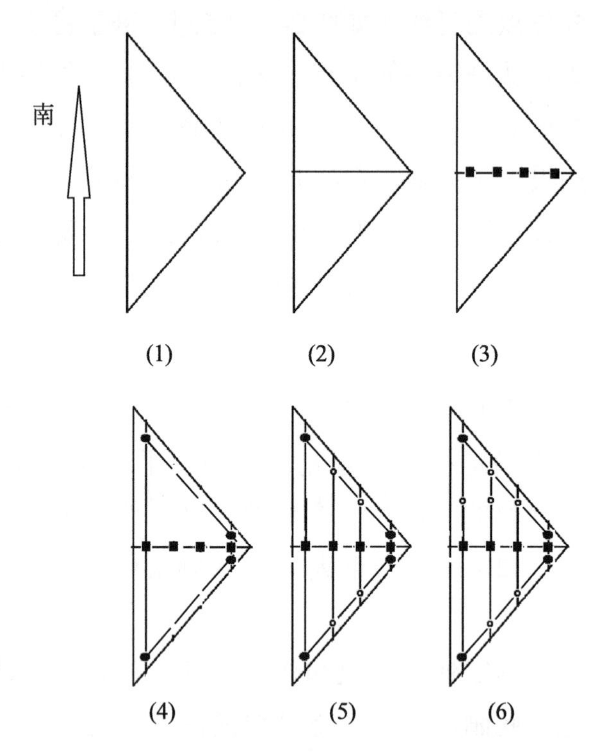

图2-63　三角形地块葡萄立柱埋设位点的画行定点

（1）—测量三角形地块的两个长边的长度，确定葡萄行向；（2）—根据葡萄行向，确定出与葡萄行向垂直的三角形地块的高；（3）—根据已确定的葡萄行宽和作业道的宽度，在三角形地块的高线上标记出各葡萄行的位点；（4）—根据作业道宽度和葡萄行宽，确定出两侧的边行及边行上边柱的位点，并将四个点用直线连接；（5）—根据葡萄行宽和高线上已确定的葡萄行位点，确定出各葡萄行边柱的位点，放线画出各葡萄行；（6）—根据葡萄行上的柱间距，以葡萄行与高线的交叉点为起始点，确定出各中柱的位点

第四步定点，根据行上柱间距，从该三角形高与各葡萄行的交叉点出发量出各葡萄行上的中柱位点。如果遇到中柱与边柱的柱间距小，于标准柱间距的情况，可以参照下面的方法进行处理：如果中柱与边柱的柱间距小于标准柱柱间距而又大于2米，则按一个标准间距处理，进行划线定点，埋设中柱；如果小于2米，则与前一个中柱的柱间距进行合并，不再划线定点，埋设中柱。

至此整个地块的葡萄立柱埋设位点的划线定点工作结束。

3.不规则地形

所有的不规则地形都能划分成四边形或三角形，或者是它们的组合。参照前面介绍的方法结合图2-64、图2-65，即可完成划线定点工作。当然也可以像图2-66那样进行画线定点，建成如图2-60的葡萄园，只不过操作的难度会更大些。

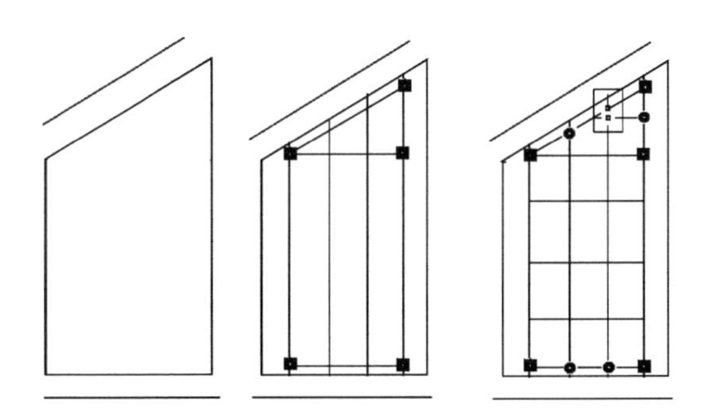

图2-64　由长方形和三角形组合成的不规则地块的葡萄立柱的划线定点

（大于3米，设两根立柱；小于3米，只要边柱）

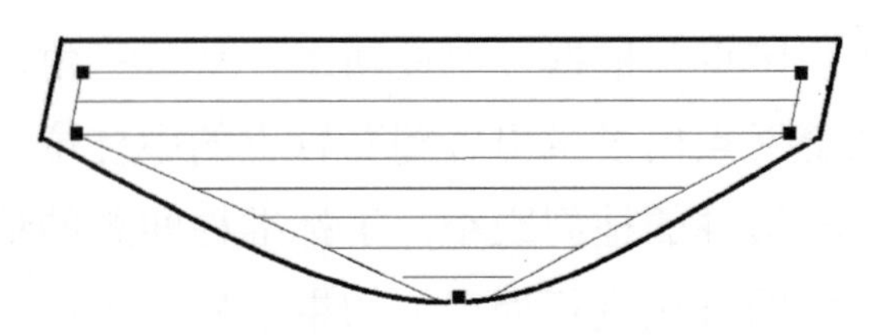

图2-65　带有弧形的不规则地块分解成四边形和三角形后进行画线定点

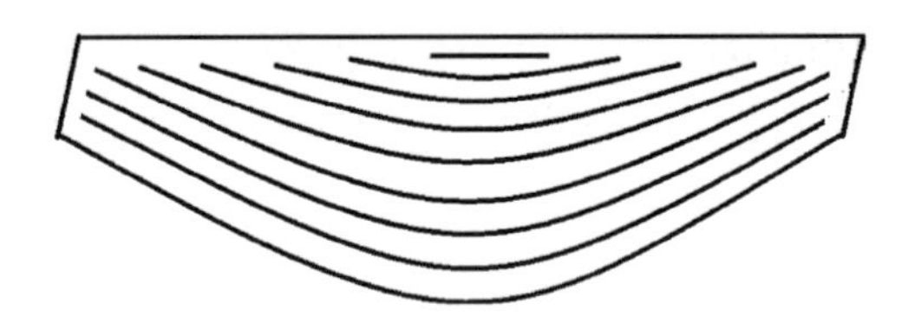

图2-66　带有弧形不规则地块进行弧形葡萄行画线定点

三、葡萄立柱的埋设

葡萄立柱的埋设应在葡萄定植沟开挖回填结束后、葡萄苗木定植前进行比较合适，如先定植葡萄苗，容易在埋设葡萄柱时损伤葡萄苗，甚至苗木所处的位置正好是埋设立柱的位置，造成抢位现象。

1.立柱基坑的挖掘

当葡萄立柱的埋设位置，根据柱间距通过画行定点确定好后，就要进行立柱埋设基坑的开挖，如果葡萄园面积比较小可以使用铁锹直接开挖，也可以使用洛阳铲进行开挖（图2-67），现在随着树坑机的推广，可以使用汽油机驱动的树坑机开挖（图2-68），对于面积更大的葡

萄也可以使用拖拉机驱动的树坑机进行开挖（图2-69）。使用洛阳铲或树坑机开挖的基坑，规则整齐，坑口大小合适，且开挖效率高。立柱的基坑的直径应在20厘米左右，坑深50厘米左右。

图2-67　使用洛阳铲开挖的基坑

图2-69　拖拉机驱动的树坑机

图2-68　汽油机驱动的树坑机

2. 边柱的埋设

边柱的埋设最好从地块两侧的边行开始，进行定点，然后再埋设中间葡萄行上的边柱，这样埋设的边柱比较容易做到横平竖直、整齐美观。在具体操作时边柱主要有两种埋设方式：直立式边柱和外倾式边柱。

直立式边柱：主要由边柱、支柱、锚线和锚石组成

（图2-70）。如果使用水泥材质的葡萄边柱，可以将边柱直立埋入开挖好的基坑内，并将周围的回填土砸实；如果使用钢构（如镀锌钢管、镀锌矩钢等），则应提前预制好边柱的基座，可以如图2-71那样直接将边柱预制在水泥基座中，也可以如图2-72那样先预制一个带有安装轴的基座，然后再将地上部架杆固定到基座上，埋设时也应将基座周围的回填土砸实。然后在边柱内侧中上部加支柱支撑，支柱的下端可以埋入土中也可以放置在地表面。边柱的外侧使用锚线和锚石进行加固，锚线上端固定到边柱的上部，下端固定到埋入土中50厘米左右的锚石上，生产上为了便于调节锚线的松紧度，通常在锚线的中部安装一兰花螺丝（图2-73）。当然在生产上也可以只使用支柱，不使用锚线和锚石进行加固的直立式边柱（图2-74、图2-75），但不用支柱进行支撑（图2-76），葡萄边柱使用一段时间后肯定会向行内倾斜。

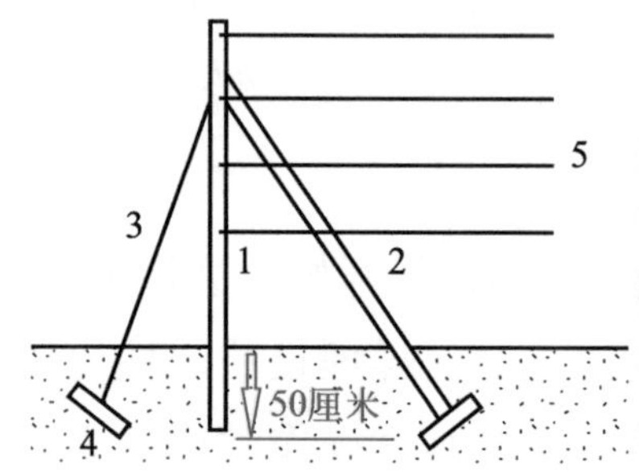

图2-70　直立式边柱

1—边柱；2—支柱；3—锚线；4—锚石；5—定干线和引绑线

图2-71　提前预制好基座的镀锌钢管边柱

图2-72　基座和架杆分离，先埋设基座再安装架杆

图2-73　带有兰花螺丝的锚线

图2-74　没有锚线固定系统的单臂篱架系统

图2-75　不使用锚线固定系统的倾斜式小棚架直立式边柱

图2-76　不使用支柱只使用锚线固定系统的直立式边柱

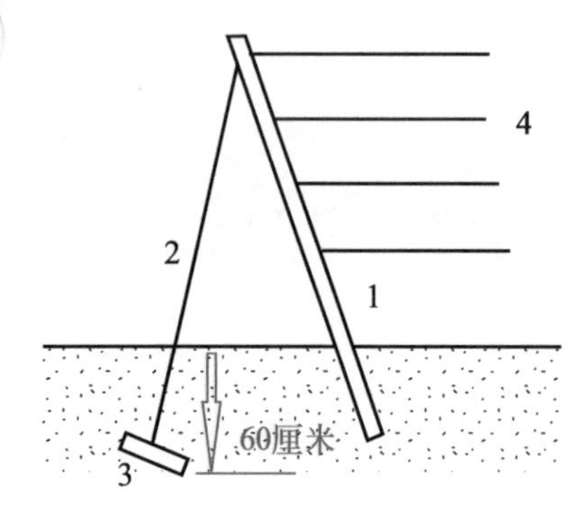

图2-77 外倾式边柱
1—边柱；2—锚线；3—锚石；
4—拉线（定干线和引绑线）

外斜式边柱：外倾式边柱主要由边柱、锚线和锚石组成（图2-77）。

采用该种埋法的边柱向外倾斜（边柱与地面的夹角）45～60°，埋土深50～70厘米，在顶部外侧设锚线加固。采用该埋法的边柱要比中柱高出40～100厘米，才能保证埋设的边柱与中柱等高。如图2-78～图2-80采用外倾式边柱，可以节约一个支柱，但在埋设时边柱一定要倾斜到位，与地面的夹角不能大于60°，否则使用一段时间后，边柱的承载力有限，会被逐渐拉直，甚至内倾，既增加矫正边柱的工量，又影响葡萄园的整齐美观（图2-81）。另外边柱还需要特别定制，增加费用。

图2-78 使用钢绞线代替横梁的水泥预制边柱的水平棚架外斜式边柱

图2-79 使用钢绞线代替横梁木质边柱的水平棚架外斜式边柱

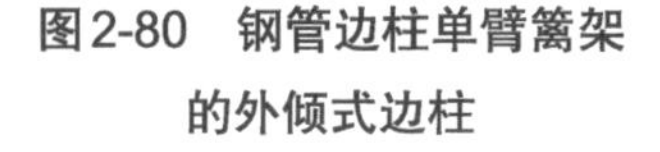

图2-80　钢管边柱单臂篱架的外倾式边柱

图2-81　外倾角度不够的单臂篱架倾斜式边柱

不管使用哪种方式，埋设出的边柱必须上下垂直、高度一致、左右对齐，即使地势高低起伏不平也应呈现为柔和的曲线变化（图2-82），而不是如图2-54那样参差不齐，忽高忽低。

图2-82　地形高低起伏，边柱也随地形高低起伏，但边柱始终为一个柔和的曲线变化

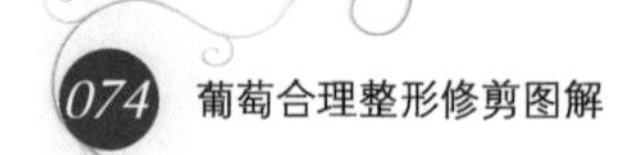

3. 中柱的埋设

根据开挖好的位置基坑，将中柱直立埋设在基坑内，四周的回填土要砸实，如果采用水泥中柱，可以直接埋设，如果采用钢构中柱则应预制基座。中柱的埋土深度50厘米左右，埋设好的中柱不仅要与同行的中柱、边柱对齐等高，还要和邻行的中柱对齐等高。即使地形起伏高低不平也应为柔和的曲线变化（图2-83、图2-84）。

图2-83　单臂篱架葡萄立柱随着地形呈现柔和的曲线变化，整齐美观

图2-84　水平棚架随地形变化埋设的中柱

四、横梁的搭建

常用的横梁多为水泥横梁、木质横梁和钢构横梁，棚架的中柱上的横梁和双十字架顶部的横梁可以用钢绞线或钢丝代替。

1. 双十字架的横梁固定

对于竹木横梁的固定，可以采用双股10～14号镀锌铁丝交叉捆绑到支柱上，捆绑时注意前后等高（图

2-85）。如果是全钢构架材，可以直接焊接上去，或者使用不锈钢自攻丝（图2-86）、U形卡固定到立柱上（图2-87）。对于水泥立柱，钢构横梁的十字架，横梁可以使用U形卡固定到水泥立柱上（图2-88）。使用十字形架的葡萄园，还可以在预制水泥立柱时，直接将横梁预制上去，如图2-17。目前生产上为了节约成本和稳固葡萄立柱，将双十字架上部的横梁使用粗度0.2厘米以上的镀锌钢丝进行代替（图2-89），并采用图2-90所示的方式固定到水泥立柱上。

图2-85　双十字架的木质横梁固定

图2-86　使用自攻丝固定的金属横梁

图2-87　钢质立柱使用U形卡固定横梁

图2-88　使用U形卡将镀锌方钢横梁固定到水泥立柱上

图2-89　使用钢绞线或镀锌钢丝代替双十字架上部的横梁

图2-90　使用镀锌钢丝代替横梁在立柱上的固定方法

2. 改良Y形架的横梁固定

如果是全钢构可以直接焊接上去，也可以使用螺栓或自攻丝固定；对于采用水泥立柱、钢构斜梁的可以使用图2-91所示的方式固定到水泥立柱上。在实际生产上，对于中柱上的斜梁经常使用镀锌钢丝进行代替（如图2-28）。

图2-91　改良Y形架水泥立柱、钢构斜梁的固定

3. 棚架的横梁固定

对于采用水泥立柱的水平式棚架和倾斜式小棚架，边柱上可以使用水泥横梁、木质横梁、镀锌钢管或矩钢，甚至粗度在0.5厘米以上的钢绞线；中间的横梁则可以使用粗度

0.3厘米以上的钢绞线或镀锌钢丝代替。水泥和竹木横梁的粗度应在10厘米以上，钢管或矩钢的粗度应在5厘米以上，横梁的长度略大于行宽。横梁要用10～14号的镀锌铁丝固定，以防受压或受拉后滑脱（图2-92、图2-93）。

图2-92　倾斜式小棚架支柱与横梁的连接

图2-93　水平式棚架支柱与横梁的连接

对于采用镀锌钢管或矩钢立柱的葡萄园，将横梁直接焊接上去，或者使用螺栓、自攻丝直接固定即可（图2-86）。

需要说明的是，采用水泥立柱的葡萄园（不管是篱架或棚架），水泥立柱的顶部（一般为距离顶部5厘米的地方）应当留下一个直径1～2厘米的过线孔，用于横梁、钢绞线或拉线的固定，或者其他方面的架材改造。

五、拉线的安装

过去生产上常使用8号或10号铁丝，现在已普遍被12号或14号镀锌钢丝代替，既美观又耐用。先顺行向将铁丝根据架式要求固定到一端的边柱或横梁上，再拉向葡萄架的另一端，然后用紧线器拉紧，固定到边柱或横梁上。这一道工序通常放在苗木定植后进行，以便于定植坑的机械开挖。

拉丝在边柱和横梁上的固定，过去都是直接缠绕打结（如图2-94），现在开始使用图2-95所示这样的卡头

图2-94　拉丝在横梁上的缠绕固定

图2-95　拉线的卡头固定

进行固定，这种固定方式需要购买专用的卡头和液压钳，使用该种方法首先可以避免拉线的缠绕扭曲，节约拉线，同时也可以用于两根拉线的连接。

购买回来的钢丝都是成盘包装（图2-96），为了放线容易，避免拉线的互相缠绕和打结，生产上常用图2-97、图2-98所示这样的放线器，既可以避免拉线缠绕，又可以降低劳动强度，提高劳动效率。使用的时候，一个人拉着拉线前行，拉线器就会跟着转动，从而将拉线从线盘上分离。

为了将架材上的拉线拉紧，可以使用图2-99所示

图2-96　镀锌钢丝

图2-97　放线器-1

图2-98　放线器-2

图2-99　紧线器

这样的紧线器，该紧线器的一段为一个可开张和闭合的三角形夹，打开后将钢丝放入，即可夹紧钢丝，另一端为带有防倒转装置的转轴，转轴上可以安装细钢丝绳或钢丝，将钢丝一段固定到立柱上，使用配套的扳手转动转轴，通过将钢丝缠绕到转轴上，即可将葡萄架材上的拉线拉紧。将拉线固定到边柱或横梁上后，通过打开转轴上的防倒转装置，即可将紧线器的钢丝放松。打开固定拉线的三角夹，将紧线器从拉线上取下，并将转轴上的钢丝从固定的立柱上取下。

整个架材的搭建工作最好在葡萄树没有上架前结束，从而减少架材搭建过程中对葡萄树的伤害。需要特别说明的在架材搭建过程中，所有的操作工人都应当戴安全帽、手套、护目镜。

第三章

葡萄生产中常用的树形及其培养

葡萄为藤本植物，为了获得一定的产量和优质果实以及栽培管理的方便，必须使葡萄生长在一定的支撑物上，并具有一定的树形，而且必须进行修剪以保持树形，调节生长和结果的关系，尽量利用和发挥品种的特性，以求达到丰产、稳产、优质的目的。需要说明的是，树形和架式之间虽然联系紧密，但并不是因果关系，同一种架式可以用不同的树形，同一个树形也能够应用到不同的架式上。

第一节 葡萄生产上的常见树形

葡萄生产上常见的树形主要有多主蔓扇形树形、单干水平树形、独龙干树形、H树形等。

一、多主蔓扇形树形

该树形的特点是从在地面上分生出2～4个主蔓，每个主蔓上又分生1～2个侧蔓，在主、侧蔓上直接着生结果枝组或结果母枝，上述这些枝蔓在架面上呈扇形分布（图3-1）。该树形主要应用在单、双壁篱架，部分棚架上也可以应用（图3-2）。

二、单干水平树形

单干水平树形，主要包括一个直立或倾斜的主干，主干顶部着生一个或两个结果臂，结果臂上着生结果枝组；如果只有一个结果臂则为单干单臂树形（图3-3），有两个结果臂则为单干双臂树形（图3-4）。如果主干倾斜则为倾斜式单干水平树形（图3-5）。该树形主要应用在单臂篱架、十字形架（包括双十字架、多十字架等）上，在非埋土防寒区也可以应用到水平棚架上（图3-6）。

三、独龙干树形

独龙干树形适用各种类型的棚架。每株树即为一条

图3-1　单壁篱架上的多主蔓扇形树形

图3-2　庭院大棚架上的多主蔓扇形树形

图3-3　单干单臂树形

图3-4　单干双臂树形

图3-5　倾斜式单干水平树形

图3-6　水平棚架上的单干双臂树形

龙干，长3.0～6.0米，主蔓上着生结果枝组，结果枝组多采用单枝更新修剪或单双枝混合修剪（图3-7）。如果一棵树留两个主蔓，则为双龙干树形。葡萄生产上为了便于冬季下架埋土防寒，通常将该树形改良成图3-8所示的鸭脖式独龙干树形。

图3-7　冬剪后的棚架独龙干树形

图3-8　鸭脖式独龙干树形

四、H树形

H树形，由1个直立的主干和两个相对生长的主蔓组成，每个主蔓分别相对着生两个结果臂，臂上着生结果枝组（图3-9、图3-10）。该树形适宜我国非埋土防寒区。水平式棚架栽培，葡萄行上葡萄树之间的距离、葡萄行之间葡萄树的距离均为4.0 ～ 6.0米。

图3-9 新梢生长期的H树形

图3-10 冬剪后的H树形

五、其他树形

另外在葡萄生产上，葡萄种植者根据当地的气候特点和栽培习惯，设计培养出一些特别的树形（图3-11、图3-12）。

图3-11 河北省怀来地区使用的一种篱架树形

图3-12 河南省郑州地区使用的一种篱架树形

第二节 葡萄树形的选择

一、根据栽培的葡萄品种选择树形

不同葡萄品种因其植物和生物学特性不同，要求不同的树形和修剪方式。如美人指、克瑞森无核等生长势旺盛、成花力弱的品种，适宜采用能够缓和树势、促进成花的树形，如独龙干树形、H树形或者是臂长超过2米的单干水平树形；对于生长势弱、成花容易的品种（如京亚）适宜采用单干水平树形。对于生长势旺盛、同时成花容易的品种（如夏黑、阳光玫瑰）采用什么树形，则根据田间管理的需要进行确定。

二、根据当地的气候条件选择树形

对于冬季最低温度低于零下15℃、葡萄树越冬需要覆土防寒的地区，选择的树形必须能够覆土防寒，如鸭脖式独龙干树形、倾斜式单干水平树形。对于不需要埋土防寒，但生长季湿度较大、容易发生病害的地区，选择能够增加光照、通风透湿的树形则比较有利于葡萄树的生长，如高干单干水平树形、H树形等。

对于气候干旱高温、容易发生日灼的地区或品种，建议采用棚架独龙干树形，可以减轻危害。另外在春秋季容易发生霜冻危害的地区，使用干高超过1.4米的葡萄树形可以减轻危害。

三、根据园区的机械化程度选择树形

为了提高劳动效率、降低葡萄园的管理成本，机械化、自动化是今后葡萄园管理的发展方向，所以选择的树形必须有利于打药、修剪、土壤管理机械的作业，因此在埋土防寒区建议采用倾斜式单干水平树形（图3-13），在非埋土区采用单干水平树形。

图3-13　便于机械化埋土的一种倾斜式单干水平树形

第三节　主要树形的培养

一、独龙干树形

独龙干树形为我国北方埋土防寒栽培区常见的树形，主要用于棚架栽培，树长4～6米，结果枝组直接着生在主干上，每年冬季结果枝组采用单双枝修剪。图3-14为冬季修剪后的大棚架独龙干树形。现以埋土防寒区独龙干树形的培养为例进行具体介绍。

具体培养过程如下。

1. 苗木定植

图3-14 河北省怀来地区的大棚架独龙干树形

埋土防寒区葡萄苗木定植的位置应离葡萄架根立柱80厘米左右，以便于龙干树形鸭脖的培养（图3-8、图3-14），非埋土防寒区则应与立柱在一条直线上，以便于田间机械作业。

2. 苗木定植第一年的树形培养和冬季修剪

定植萌芽后，首先选择两个生长健壮的新梢，引缚向上生长（图3-15），当两个新梢基部生长牢固后，选留一个健壮新梢（作为龙干）引绑其沿着架面向上生长，对于其上的副梢，第一道铁丝以下的全部“单叶绝后”处理（图1-20），第一道铁丝以上的副梢每隔10～15厘米保留一个，这些副梢交替引绑到龙干两侧生长，充分利用空间，对于副梢上萌发的二级副梢全部进行“单叶绝后”处理。整个生长

图3-15 定植当年葡萄苗萌芽后先选留两个健壮新梢生长

季龙干上的副梢都采用此种方法，任龙干向前生长。冬天在龙干粗度为0.8厘米的成熟老化处剪截，龙干上着生的枝条则留2个饱满芽进行剪截，作为来年的结果母枝（图3-16）。

如果龙干上着生的枝条出现上强下弱（即龙干前端的枝条着生均匀，并且成熟老化，而龙干下部没有着生枝条，或着生的枝条分布不合理，或生长细弱，不能老化成熟），为了保证树体生长均衡，将来的结果枝组分布合理，则将龙干上着生的所有枝条从基部疏除，但也不能紧贴主干疏除，而应留出一段距离，以免伤害到主干上的冬芽（图3-17）。

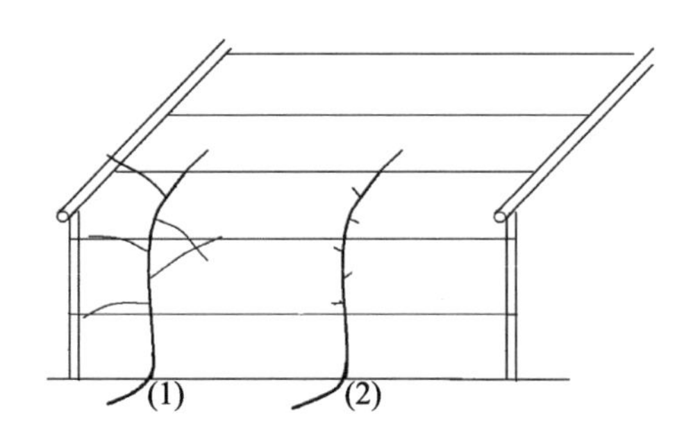

图3-16　定植后第一年的树形培养和冬季修剪

（1）—生长季的状态；（2）—冬剪后的状态

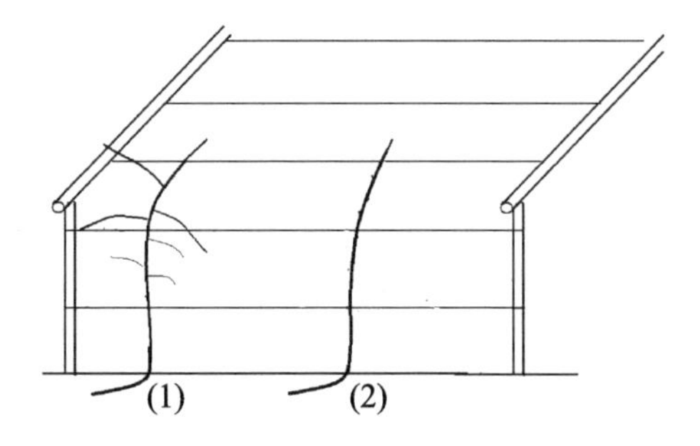

图3-17　定植第一年出现上强下弱树体时的冬季修剪和引绑

（1）—生长季的状态；（2）—冬剪后的状态

对于冬季需要埋土防寒的地区，葡萄树应在土壤上冻前修剪完成，并埋入土中。对处于埋土防寒边

图3-18 葡萄树机械埋土防寒

界的地区（冬季最低温度偶尔会达到–12℃的地区），或冬季容易出现大风干旱的地区，建议第一年生长的幼树最好也进行埋土防寒保护（图3-18）。对于非埋土防寒的地区，冬剪最好放在树液出现伤流前的1个月左右，错过冬季最寒冷和大风干旱的时期。

3.第二年的树形培养和冬季修剪

埋土防寒区，当杏花开放的时候，抓紧进行葡萄树出土上架；非埋土防寒区当树体开始伤流、龙干变得柔软有弹性时，也应抓紧时间将修剪过的葡萄树进行引绑定位。埋土防寒区在引绑时首先要将龙干在第一道铁丝下面向葡萄行间倾斜压弯形成一个鸭脖后再引绑到第一道拉丝上，然后剩下的龙干再顺架面向上引绑[图3-19（1）]。对于没有结果母枝的葡萄树，压弯形成鸭脖后，再弓形引绑到第一道铁丝上[图3-19（2）]，当龙干上的大部分新梢长到40

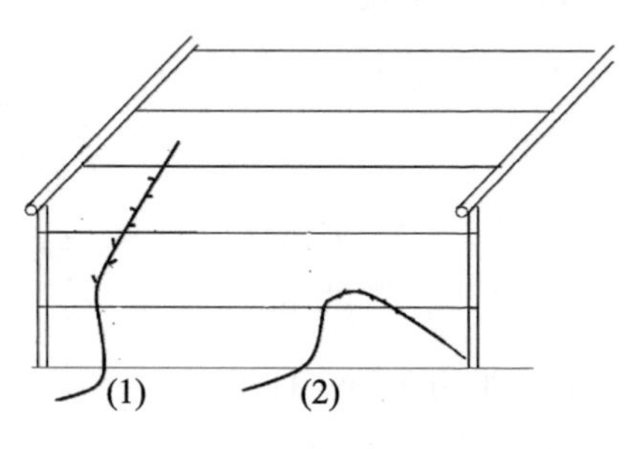

图3-19 春季萌芽前的树体引绑
（1）—保留结果母枝的树体引绑；
（2）—未保留结果母枝的树体引绑

厘米以后，再扶正顺架面向上引绑。非埋土防寒区，则不需要压弯培养鸭脖。

（1）对于保留结果母枝葡萄树形的培养和冬季修剪　萌芽后，每个结果母枝上先保留2个新梢，粗度超过0.8厘米的新梢，保留一个花序结果；粗度低于0.8厘米新梢上的花序则疏掉。所有新梢采用倾斜式引绑（图1-21），新梢上萌发的副梢花序下部的直接抹除，花序上部的则根据品种生长特性采用不同的方法，如冬芽容易萌发的品种（如红地球）采用“单芽绝后”处理，冬芽不易萌发的品种则直接抹除。

龙干上直接萌发的新梢，位于结果母枝之间的直接抹除，位于没有结果母枝龙干前端的每隔15厘米保留一个，全部采用倾斜式引绑交替引绑到龙干两侧。对于龙干最前端萌发的新梢，选留一个生长最为健壮的新梢作为延长头引缚其向前生长，其上的花序必须疏除，其上萌发的副梢每隔15厘米左右保留一个，这些副梢要交替引绑到主蔓两侧生长。副梢上萌发的二级副梢全部进行“单叶绝后”培养成结果母枝，当延长头离架梢还有1.0米时进行摘心，否则不用。摘心后萌发的副梢只保留先端的一个任其生长，其他的全部疏除［图3-20（1）］。

冬剪时龙干在粗度0.8厘米左右成熟老化的位置剪截，龙干上的结果母枝采用单枝更新修剪［图3-20(2)］。

（2）没有保留结果母枝的树形培养和修剪　伤流前，首先将龙干进行弓形引绑［图3-20（2）］，并对第一道拉

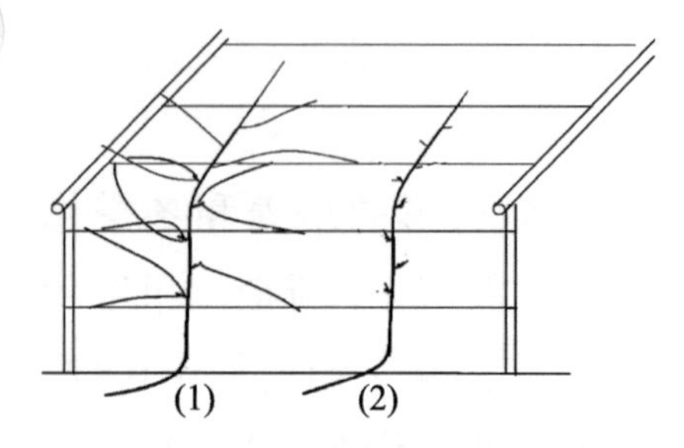

图3-20 保留结果母枝的葡萄树形培养和冬季修剪

（1）—生长季的状态；（2）—冬剪后的状态

丝以上龙干弓形引绑中后部的芽眼进行刻芽处理。萌芽后，当龙干上大部分新梢长到40厘米后，再将龙干扶正顺葡萄架向上引绑。龙干上萌发的新梢每隔15厘米左右保留一个，交替引绑到龙干两侧。另外在龙干前端选留一个健壮新梢作为延长头，继续沿架面向前培养，其上的花序必须疏除，其上萌发的副梢每隔15厘米左右保留一个，这些副梢要交替引绑到主蔓两侧生长，副梢上萌发的二级副梢全部进行“单叶绝后”，当延长头离架梢还有1.0米时进行摘心，摘心后萌发的副梢只保留先端的一个任其生长，其他的全部疏除。冬季修剪时，龙干在粗度0.8厘米以上成熟老化的位置剪截，龙干上所有枝条全部留两个芽进行剪截。

至此树形的培养工作结束。对于没有布满架面的植株，按照第二年的方法继续培养。当树形培养成后，为

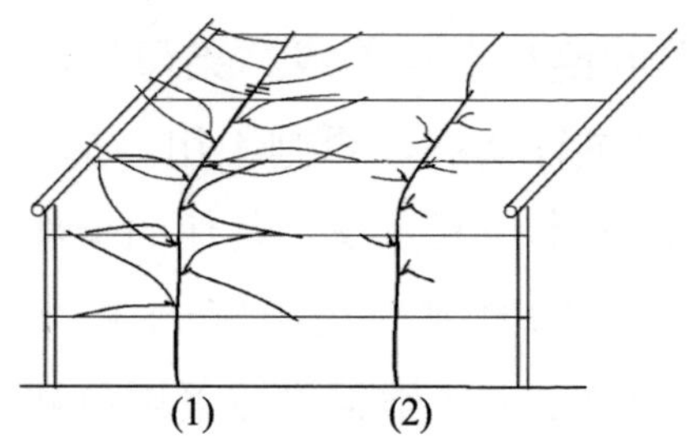

图3-21 延长头的更新修剪

（1）—生长季的状态；（2）—冬剪后的状态

保持树体健壮和布满架面空间，最好每年冬剪时都从延长头基部选择健壮枝条进行更新修剪（图3-21）。

二、单干水平树形

单干水平树形，主要包括单干单臂树形（图3-3）、单干双臂树形（图3-4）和倾斜式单干水平树形（图3-5），其中单干单臂和单干双臂树形主要应用在非埋土防寒区，倾斜式单干水平树形主要应用在埋土防寒区。

1. 单干单臂树形培养

（1）定植当年的树形培养和冬季修剪　定植萌芽后，选2个健壮新梢，作为主干培养，新梢不摘心。当2个新梢长到50厘米后，只保留一个健壮新梢继续培养，该新梢可以插竹竿引缚生长，也可以采用吊蔓的方式引缚生长（图3-22）。当新梢长过第一道铁丝后，继续保持新梢直立生长，其上萌发的副梢，第一道铁丝30厘米以下的全部采用“单叶绝后”处理，以上的全部保留。这些副梢只引绑不摘心，其上萌发的二次副梢全部“单叶绝后”处理，当定干线（第一

图3-22　定植当年选留一个新梢后使用绳子进行吊蔓生长

道铁丝）上的蔓长达到60厘米以上时，将其顺葡萄行向引绑到定干线上，作为结果臂进行培养，当其生长到与邻近植株距离的1/2时进行第一次摘心，与邻近植株交接时进行第二次摘心。对于结果臂上生长的副梢全部保留，只管引绑到引绑线上（图3-23）。

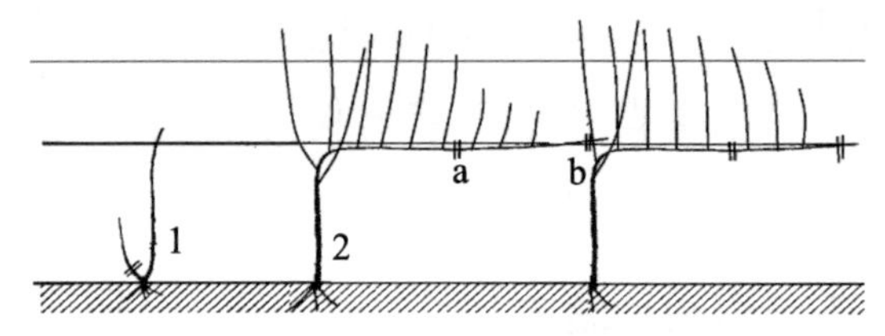

图3-23 单干水平树形定植当年的新梢选留和结果臂培养

1—当新梢生长到50厘米以上时选留一个健壮生长的新梢；2—当新梢生长超过定干线60厘米以上后将其引绑到定干线上，作为结果臂培养；a—当结果臂生长到与邻近植株距离的1/2时进行第一次摘心；b—当结果臂与邻近植株交接时进行第二次摘心

冬季修剪时，如果结果臂上生长的枝条分布均匀（每隔10～15厘米有一个枝条），并且每个枝条都成熟老化（枝条下部成熟老化即可）、粗度都超过0.5厘米，在成熟老化的0.8厘米处剪截，其上生长的枝条全部留2个饱满芽剪截（图3-24）。

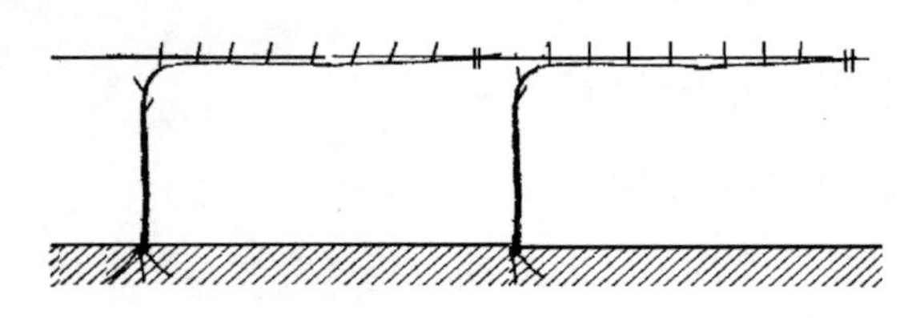

图3-24 单干水平树形定植当年结果臂老化成熟，其上的枝条分布均匀并老化成熟粗度超过0.5厘米的冬季修剪

如果结果臂仅在靠近主干的基部生长有成熟老化的枝条，中部和前端没有生长枝条或生长的枝条未能老化成熟，或者结果臂基部和前端生长有老化成熟的枝条，中部没有生长枝条［图3-25（1）］，都采用结果臂在成熟老化的0.8厘米处剪截。结果臂上基部生长的枝条留2个饱满芽剪截，前端的枝条全部疏除［图3-25（2）］。

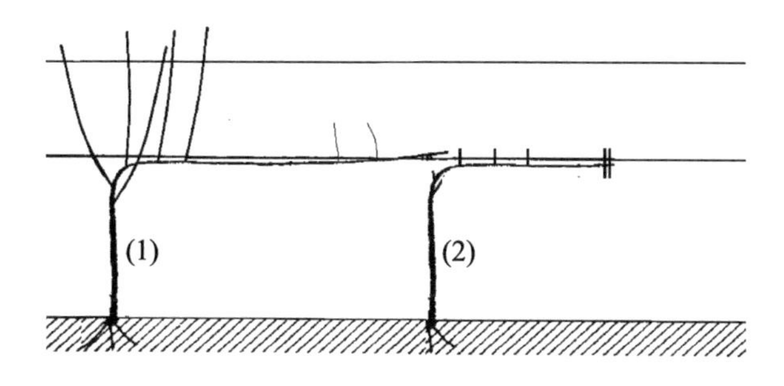

图3-25 单干水平树形定植当年结果臂前端没有着生枝条或枝条未能老化成熟的冬季修剪

（1）—生长季的状态；（2）—冬剪后的状态

如果结果臂上生长的枝条大部分未能老化成熟，或者仅在中前部生长有枝条［图3-26（1）］，则枝条全部从基部疏除。结果臂在成熟老化的0.8厘米处剪截，并且将结果臂在春季萌芽前采用弓形引绑的方式引绑到定干线上［图3-26（2）］。

（2）定植第二年的树形培养和冬季修剪

① 对于保留结果母枝的葡萄树树形培养和冬季修剪。萌芽后，每个结果母枝上保留2个新梢。粗度超过

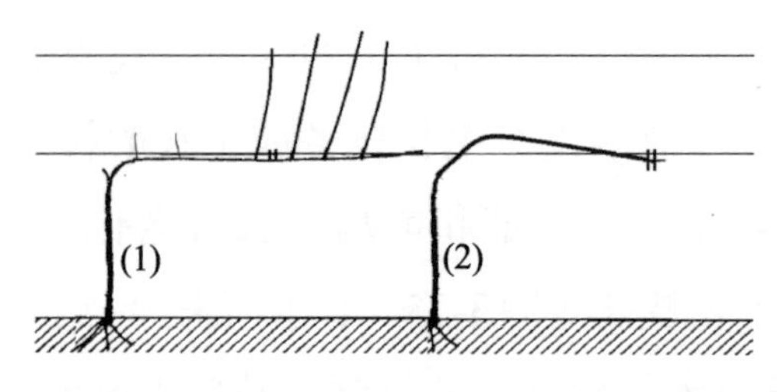

图3-26　单干水平树形定植当年仅在前端生长有枝条的冬季修剪

（1）—生长季的状态；（2）—冬剪后的状态

0.8厘米的新梢，保留一个花序结果；粗度低于0.8厘米新梢上的花序则疏掉。所有新梢沿架面向上引绑生长，萌发的副梢花序下部的直接抹除，花序上部的则根据品种生长特性采用不同的方法。冬芽容易萌发的品种（如红地球）则采用“单芽绝后”处理，冬芽不易萌发的品种则直接抹除。

结果臂上直接萌发的新梢，位于结果母枝之间的直接抹除，位于没有结果母枝结果臂前端的每隔10～15厘米保留一个，全部向上引缚生长。对于结果臂没有与邻近植株交接的葡萄树，可以在结果臂前端选留一个生长健壮的新梢，当其基部生长牢固、长度超过60厘米后，作为延长头引缚到定干线上向前生长，其上的花序必须疏除，其上萌发的副梢每隔10～15厘米保留一个，向上引缚生长。这些副梢上萌发的二级副梢全部进行“单叶绝后”，当延长头与邻近植株交接时进行摘心，摘心后萌发的副梢向上引缚生长。冬剪时结果臂在粗度0.8厘米以上成熟老化的位置剪截。结果臂上的结果枝组和一年生枝条全部采用单枝更新修剪（图3-27）。

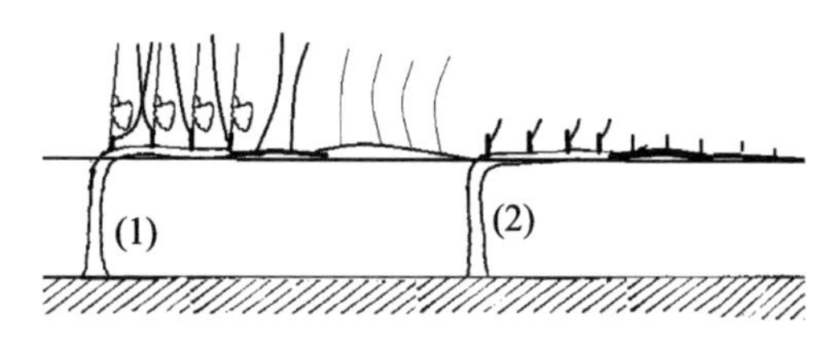

图3-27　对于保留结果母枝的葡萄树树形培养和冬季修剪

（1）—生长季的状态；（2）—冬剪后的状态

② 没有保留结果母枝的树形培养和修剪。伤流前，对结果臂中后部的芽眼进行刻芽处理。萌芽后，当结果臂上的新梢长到30厘米后，再将结果臂放平到定干线上捆绑好。结果臂上萌发的新梢每隔10～15厘米左右保留一个向上引绑生长，如果带有花序，可以根据树势选留1～3个新梢保留花序进行结果。对于结果臂没有与邻近植株交接的葡萄树，可以在结果臂前端选留一个生长健壮的新梢，当其基部生长牢固、长度超过60厘米后，作为延长头引缚到定干线上向前生长，其上的花序必须疏除，其上萌发的副梢每隔10～15.0厘米保留一个，向上引缚生长。这些副梢上萌发的二级副梢全部进行"单叶绝后"，当延长头与邻近植株交接时进行摘心，摘心后萌发的副梢向上引缚生长。

冬剪时结果臂在粗度0.8厘米以上成熟老化的位置剪截，结果臂上的结果母枝采用单枝更新修剪。

至此树形的培养工作结束。对于部分结果臂没有交接的植株，按照第二年的方法继续培养。如果在非埋土防寒区，将该树形应用到水平式棚架上，就是独龙干树形。

2.单干双臂树形的培养

关于单干双臂树形的培养有两种方法。

（1）第一种培养方法　当选留的新梢生长高度超过定干线后，在定干线下15厘米左右的位置进行摘心，然后在定干线下部选留3个新梢继续培养，当新梢生长到60厘米后，再选留两个新梢反方向弓形引绑到定干线上，沿定干线生长，其上的副梢全部保留，向上引缚生长，副梢上萌发的二次副梢全部“单叶绝后”处理。以后的树形培养与单干单臂基本相同，只不过把单干换成双臂（图3-28）。

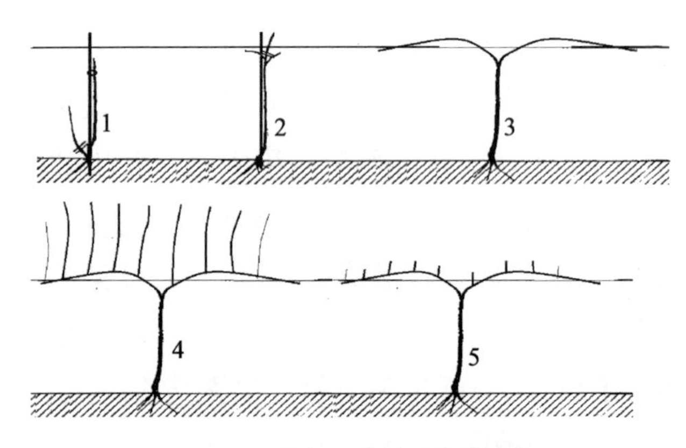

图3-28　单干双臂树形培养过程

1—选留主干；2—主干摘心保留3个副梢；3—选留两个副梢反方向弓形引绑到定干线上，培养成结果臂；4—结果臂上的副梢全部保留；5—冬季留1 ~ 2个芽进行短截

（2）第二种方法　单干双臂树形的培养与单干单臂的树形培养类似，先培养成单臂，然后再在定干线下选一个枝条，冬季反方向引绑到定干线上，来年其上萌发的新梢每隔10～15厘米保留一个，培养成结果母枝。至此树形培养结束。该方法也适用于单干单臂或双臂结果臂的更新（图3-29）。

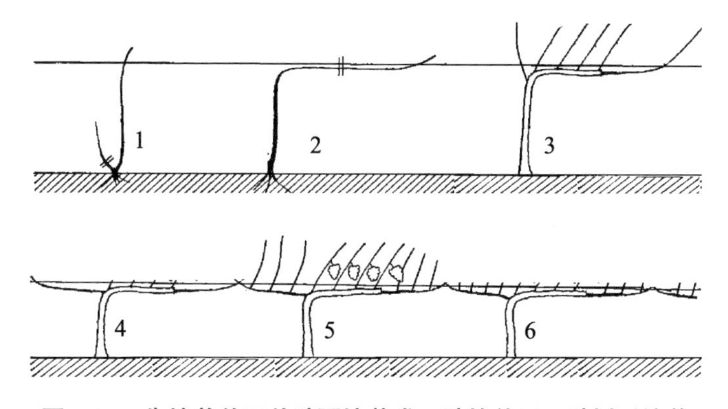

图3-29　先培养单干单臂再培养成双臂的单干双臂树形培养

1—选留主干；2—单臂培养；3—保留单臂上的所有副梢，培养成结果母枝；4—冬季主干上选留一个枝条反方向弓形引绑到定干线上，结果臂上的枝条留两个芽进行短截；5—新培养的结果臂上每隔10～15厘米选留一个新梢，培养成结果母枝，原有结果臂选留新梢结果；6—第二年冬季所有结果母枝留2个芽短截

在非埋土防寒区，将单干双臂树形应用到水平棚架上，就是人们常见的“一字树形”或“T字树形”（图3-6、图3-30、图3-31）。

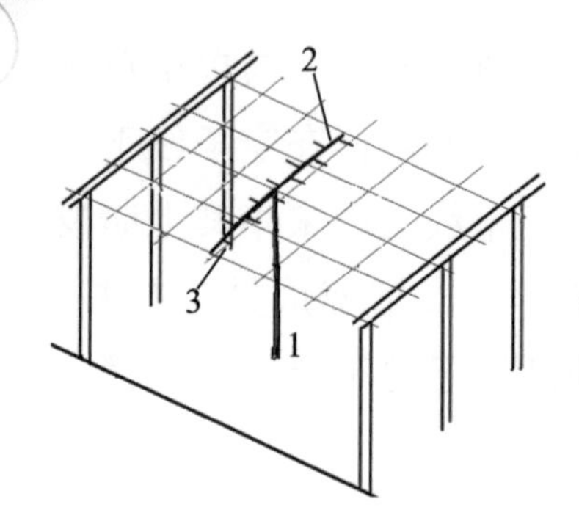

图3-30 单干水平树形在水平式棚架上的应用

1—主干；2—结果臂；3—结果枝组

图3-31 单干双臂树形在水平棚架上的应用

3.倾斜式单干水平树形的培养

该树形与单干单臂树形的培养极为相似（图3-32），区别在于，定植时所有苗木均采用顺行向倾斜20～30°定植，选留的新梢也按照与苗木定植时相同的角度和方向向定干线上培养。当到达定干线后，不摘心，继续沿定干线向前培养，此后的培养方法与单干单臂完全相同。如果在埋土防寒区，以后每年春季出土上架时都要按照第一年培养的方向和角度引绑到架面上。

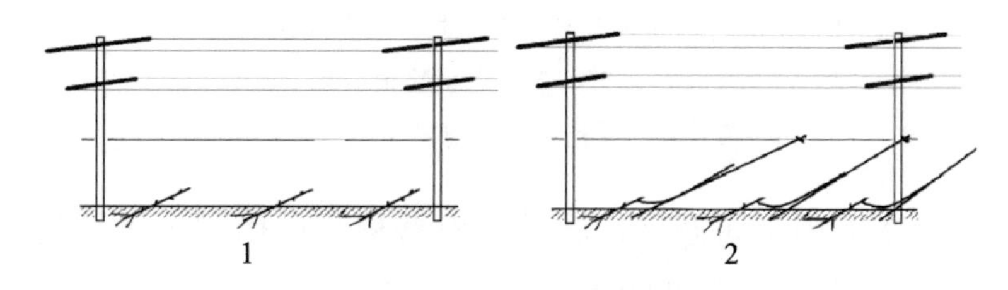

图3-32 倾斜式单干单臂树形的培养

1—苗木定植；2—选留新梢和培养

三、“H”形树形

“H”形树形（图3-33、图3-34）在我国南方葡萄产区较为常见，适宜水平式棚架，葡萄行上葡萄树间的距离、葡萄行之间葡萄树的距离均为4.0～6.0米。

图3-33　水平棚架上生长季的H形树形

图3-34　冬季落叶后的H形树形

“H”形树形的培养过程（图3-35）如下。

1.定植当年的树形培养和冬季修剪

定植萌芽后，选留一个健壮新梢不摘心，引缚其向上生长，对于其上的副梢全部“单叶绝后”处理，当其离棚顶20厘米时摘心，摘心后选留两个副梢（即将来的主蔓）反方向引绑向行间生长。整个生长季不摘心，任其生长，其上萌发的二级副梢全部“单叶绝后”处理。冬天在主蔓粗度为0.8厘米的成熟老化处剪截，如果主蔓粗度达不到0.8厘米，则留2～3个饱满芽剪截［图3-35（1)］。

2.定植当年的树形培养和冬季修剪

第二年春季萌芽后，从两个主蔓剪口各选一个健壮的新梢作为延长头继续向前培养，其上的副梢全部“单叶绝后”处理，当延长头达到行距的1/3时进行摘心。摘心后选留两个副梢分别与主蔓垂直反方向引绑其生长，培养成结果臂，其上的副梢全部保留，交替引绑到两侧。对于主蔓剪口以下萌发的新梢，每隔25厘米保留一个用于结果［图3-35（2）]。冬季在结果臂粗度0.7厘米老化成熟处剪截，其上的枝条留2个饱满芽短截［图3-35（3）]。

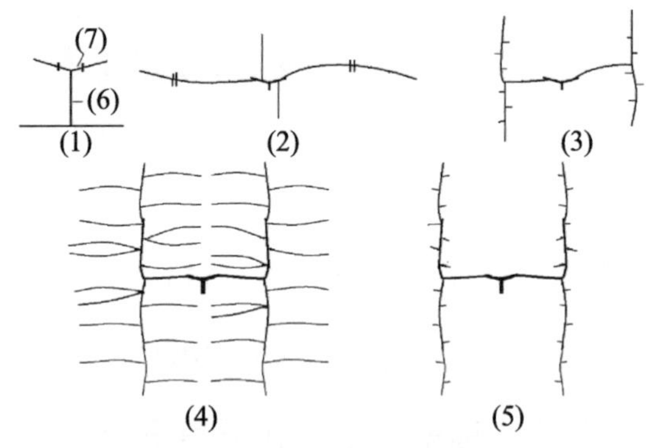

图3-35 “H”形树形的培养

（1）—第一年冬剪后的树形；（2）—第二年生长季的树形；
（3）—第二年冬剪后的树形；（4）—第三年生长季的树形；
（5）—第三年冬剪后的树形；（6）—主干；（7）—支蔓

3.定植第三年的树形培养和冬季修剪

第三年春季萌芽后，结果臂上结果母枝萌发的新梢根据空间大小选留1～2个，保留花序进行结果。如果结果臂未能与邻近植株的结果臂交接，则选留顶端的一个健壮新梢继续向前培养，达到交接时摘心，其上的副梢每隔10～15厘米保留一个，交替引绑到两侧，培养成结果枝组［图3-35（4）］。冬季结果枝组均采用单枝更新修剪，树形至此培养结束［图3-35（5）］。

第四节　树形培养的配套措施

要想快速培养树形，形成产量，必须从苗木选择开始，到土肥水管理和病虫害防控各个环节都要注意，用心管理。

一、苗木选择

苗木是整个葡萄生产的基础，因此在购买葡萄苗木时应严格按照国家颁布的苗木标准购买苗木，最好选择无病毒苗木，或者组培复壮过的苗木。图3-36为组培室内正在生长的葡萄组培苗。嫁接苗一定要经过砧穗组合实验，否则选择自根苗更稳妥（图3-37）。营养钵苗除非不得已，尽量不要使用（图3-38）。

图3-36　组培的酿酒品种苗木

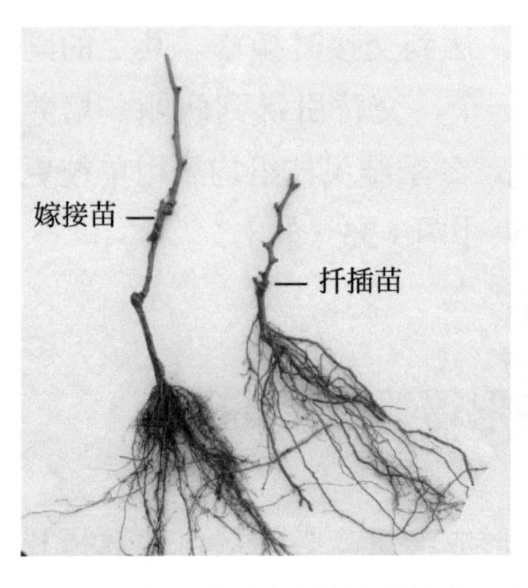

图3-37　一年生扦插苗和嫁接苗

图3-38　采用硬枝嫁接的营养钵苗

表3-1和表3-2分别为葡萄自根苗质量标准和葡萄嫁接苗质量标准。

表3-1　葡萄自根苗质量标准

项目		级别		
		一级	二级	三级
品种纯度		≥98%		
根系	侧根数量/个	≥5	≥4	≥4
	侧根粗度/厘米	≥0.3	≥0.2	≥0.2
	侧根长度/厘米	≥20.0	≥15.0	≤15.0
	侧根分布	均匀、舒展		
枝干	成熟度	木质化		
	枝干高度/厘米	20.0		
	枝干粗度/厘米	≥0.8	≥0.6	≥0.5
根皮与枝皮		无新损伤		
芽眼数		≥5	≥5	≥5
病虫危害情况		无检疫对象、根结线虫、蚧壳虫、根癌病、白腐病和蔓割病		

表3-2　葡萄嫁接苗质量标准

<table>
<tr><th colspan="3" rowspan="2">项目</th><th colspan="3">级别</th></tr>
<tr><th>一级</th><th>二级</th><th>三级</th></tr>
<tr><td colspan="3">品种与砧木纯度</td><td colspan="3">≥98%</td></tr>
<tr><td rowspan="4">根系</td><td colspan="2">侧根数量/个</td><td>≥5</td><td>≥4</td><td>≥4</td></tr>
<tr><td colspan="2">侧根粗度/厘米</td><td>≥0.4</td><td>≥0.3</td><td>≥0.2</td></tr>
<tr><td colspan="2">侧根长度/厘米</td><td colspan="3">≥20.0</td></tr>
<tr><td colspan="2">侧根分布</td><td colspan="3">均匀、舒展</td></tr>
<tr><td rowspan="6">枝干</td><td colspan="2">成熟度</td><td colspan="3">充分成熟</td></tr>
<tr><td colspan="2">枝干高度/厘米</td><td colspan="3">≥30.0</td></tr>
<tr><td colspan="2">接口高度/厘米</td><td colspan="3">10.0～15.0</td></tr>
<tr><td rowspan="2">粗度</td><td>硬枝嫁接/厘米</td><td>≥0.8</td><td>≥0.6</td><td>≥0.5</td></tr>
<tr><td>绿枝嫁接/厘米</td><td>≥0.6</td><td>≥0.5</td><td>≥0.4</td></tr>
<tr><td colspan="2">嫁接愈合程度</td><td colspan="3">愈合良好</td></tr>
<tr><td colspan="3">根皮与枝皮</td><td colspan="3">无新损伤</td></tr>
<tr><td colspan="3">接穗品种芽眼数</td><td>≥5</td><td>≥5</td><td>≥3</td></tr>
<tr><td colspan="3">砧木萌蘖</td><td colspan="3">完全清除</td></tr>
<tr><td colspan="3">病虫危害情况</td><td colspan="3">无检疫对象、根结线虫、蚧壳虫、根癌病、白腐病和蔓割病</td></tr>
</table>

二、挖定植坑或定植沟

如果在山坡地、盐碱地、瘠薄地和黏土地建园，为了使葡萄生长健壮、早结果，必须挖定植坑或定植沟。

图3-39　条施底肥

图3-40　旋耕混匀肥料

图3-41　使用挖掘机开挖定植沟

定植坑的规格为：长宽深均为0.6米；株距小时可以直接挖成宽深分别为0.6米，长度等于葡萄行长的定植沟。如果准备开挖定植沟，可以在开挖定植沟前按照每亩地5000千克腐熟的有机肥（如果有机肥，也可以使用没有腐熟的牛粪或羊粪）和100千克过磷酸钙分别条施到定植行上（图3-39），然后用旋耕机旋耕两次（图3-40），再用小型挖掘机开挖定植沟（图3-41），浇水沉实（图3-42），整平（图3-43）。根据确定好的株距确定定植点，挖深40厘米、直径20厘米的定植穴（图3-44，图3-45），等待定植。

图3-42　定植沟灌水沉实

图3-43　定植沟平整

图3-44　定植行上确定和开挖定植穴

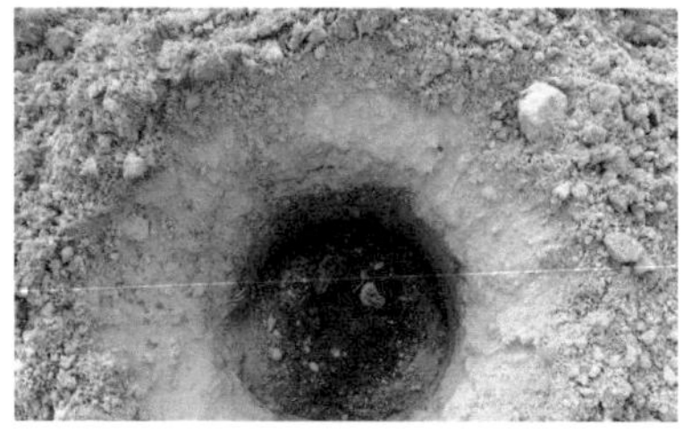

图3-45　打坑机开挖好的定植穴

三、土肥水管理

定植生长的当年，葡萄树必须覆盖地膜，控制地温和保持土壤墒情，创造利于葡萄苗生根发芽的土壤条件，如果提高地温可以使用白色透光地膜（图3-46），降低地温则使用黑色加厚地膜（图3-47）。在降低地温的同时控制杂草生长，也可以保持土壤疏松透气。葡萄行上（葡萄行两侧1.5米的范围内）无杂草（图3-48），葡萄行间无高草，严禁套种蔬菜、瓜果和高秆作物，可以少量套种花生等等矮秆作物或采用行间生草、种草（图3-49、图3-50）。葡萄行上的杂草必须人工清除（图3-51），行间的杂草则可以使用机械进行控制（图3-52 ～图3-55）。

图3-46 葡萄行上覆盖白色地膜

图3-47 葡萄行上覆盖黑色地膜

图3-48 清除过杂草后的葡萄园

图3-49　葡萄行间自然生草的葡萄园

图3-50　葡萄行间种植的毛叶苕子

图3-51　人工拔出葡萄行上的杂草

图3-52　使用手推式割草机控制葡萄行间杂草

图3-53　使用杆式割草机控制葡萄园杂草

图3-54　使用坐骑式割草机控制果园杂草

葡萄苗在春季当灌水覆盖过地膜后，尽量控制灌水，以便于地温提升，促进根系萌发新根。施肥则应在葡萄新梢生长到60厘米以后、生长出卷须后再进行。葡萄树的每次施肥都必须和灌水结合起来（图3-56、图3-57）。在葡萄苗生长的前期应以氮肥为主、磷钾肥为辅，促进苗木尽快生长，苗木生长的后期，尤其是进入秋季以后，应当以磷钾肥为主，氮肥少施或不施，促进枝条老化成熟。施肥应采用少量多施的原则，每次施肥每亩地的总量不超过10千克，每隔10～15天一次，直至进入秋季开始秋施基肥（图3-58）。

图3-55　使用四轮拖拉机驱动的旋耕机直接旋耕掩埋杂草

图3-56　人工开穴施肥

图3-57　施肥器滴灌施肥

图3-58　开挖定植沟施基肥

四、病虫害防控

葡萄树形培养阶段，最主要的病害是霜霉病（图3-59、图3-60）以及部分叶部病害（如褐斑病）（图3-61）等。但对树体生长影响最大的还是葡萄霜霉病，可以使用波尔多液进行防护，使用烯酰吗啉和霜脲氰进行治疗。

图3-59　葡萄霜霉病在葡萄叶片背面的症状

图3-60　葡萄霜霉病对叶片的危害

图3-61　葡萄大褐斑病对葡萄园的危害

第四章 葡萄树整形修剪及问题树形的矫正

第一节 葡萄物候期的识别

当葡萄树形培养成后，整形修剪的工作重点就要放到葡萄树形的维持、营养生长和生殖生长调控等方面，尽量延长葡萄树的结果年限，保证葡萄园的稳产、丰产和优质。葡萄树的整形修剪通常是按葡萄树所处的物候期进行操作，因此任何从事葡萄生产和管理的人员必须能够准确判定出葡萄树所处的物候期，从而使自己的管理有的放矢。葡萄树物候期判断可以参照图4-1～图4-22和表4-1。

图4-1 休眠期

图4-2 伤流期

图4-3 绒球期

图4-4　萌芽期

图4-5　叶片显露期

图4-6　展叶期

图4-7　花序显露期

图4-8　新梢快速生长期

图4-9　花序分离期

图4-10　花朵分离期

图4-11　始花期

图4-12　盛花期

图4-13　谢花期

图4-14　座果期

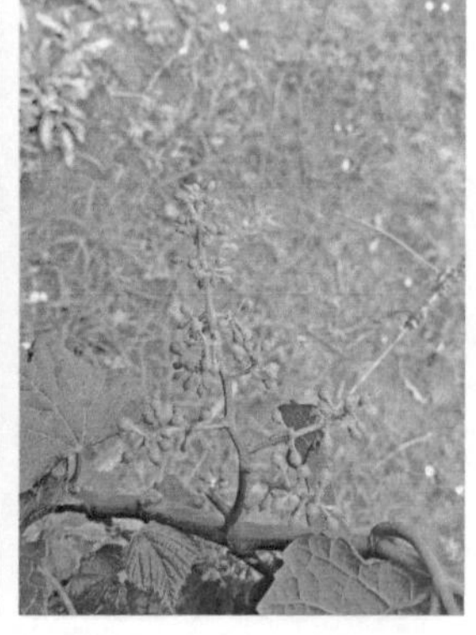

图4-15　生理落果期

图4-16 幼果期

图4-17 果实第一次膨大期

图4-18 封穗期

图4-19 转色期

图4-20　果实采摘期

图4-21　枝条成熟期

图4-22　落叶期

表4-1　物候期描述表

序号	物候期	状态描述
1	休眠期	主芽处于冬季休眠状态，外被褐色鳞片
2	伤流期	春季枝条伤口流出树液
3	绒球期	芽眼鳞片开裂，露出褐色绒毛
4	萌芽期	幼叶从绒毛中露出
5	叶片显露期	丛状幼叶从绒毛中长出，基部仍可看到少量鳞片和绒毛
6	展叶期	新梢清晰可见，第一片幼叶完全展开
7	花序显露期	梢尖可见花序

续表

序号	物候期	状态描述
8	新梢快速生长期	新梢第3个叶片完全展开到花序上的小分枝展开
9	花序分离期	花序伸长，小分枝展开，但花朵仍为丛状
10	花朵分离期	花序外形达到其典型形状，花朵各个分离
11	始花期	花序上有少量花朵开放
12	盛花期	花序上80%以上的花朵开放
13	谢花期	花序上80%花朵上的花药干枯脱落
14	座果期	花序上的花朵发育成幼果，但部分幼果上还残留有干枯的花药
15	生理落果期	用手轻弹果穗，有少量幼果开始脱落
16	幼果期	果实不再脱落，开始生长
17	果实膨大期	果实迅速生长，并表现出该品种的某些果实特征
18	封穗期	果穗拥有完整的形状，果粒之间相互接触
19	转色期	有色品种少量果粒开始着生，无色品种少量果粒开变软
20	果实采摘期	果实表现出该品种应有的风味，开始采摘、食用
21	枝条成熟期	枝条颜色变成红褐色，木质化
22	落叶期	叶片变黄，开始脱落

第二节　春夏季葡萄树整形修剪（3～8月份）

一、萌芽前的树体管理

1.架材修整和树体引绑

非埋土防寒区，首先要对葡萄园的葡萄架进行修整，将倾斜弯倒的立柱重新扶正，折断的立柱和横梁进行更换，松弛的架材拉线重新拉紧固定；然后将葡萄根据冬剪时的目的进行引绑；最后就是对葡萄树进行复剪，确定最终的留枝量和留芽量。

埋土防寒区，则在野山杏开花前，结束葡萄架的修整工作。当山杏开花后及时将葡萄树出土（图4-23）上架（图4-24），并进行复剪，确定出最终的留枝量和留芽量。

图4-23 葡萄树出土

图4-24 葡萄树引绑上架
（引自怀来吧）

2.刻芽

对于葡萄树延长头，或需要萌发新枝的地方，可以在葡萄伤流前，在芽眼的上方0.5～1厘米的地方，用刀切至木质部（图1-36），目的是将枝干运输的养分聚集到芽眼，促使所刻芽眼萌发，长成新的枝条。过去刻芽多使用嫁接刀，现在有专用的刻芽剪（图4-25）。

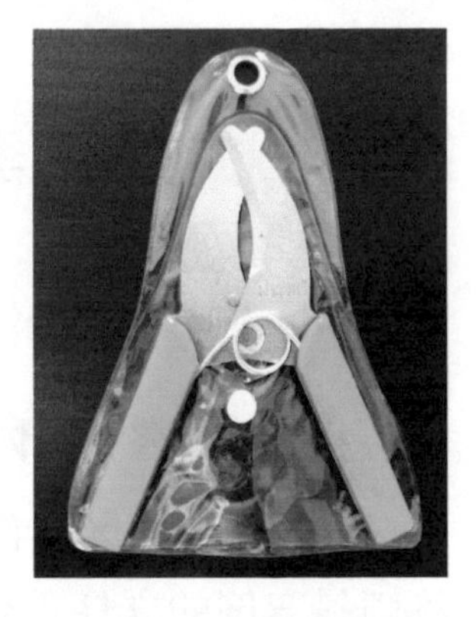

图4-25 刻芽剪

二、萌芽后的管理

1.抹芽定梢

葡萄早春萌芽时，除了保留结果母枝的芽眼会萌发外，主干、主蔓、结果臂和结果母枝基部的隐芽也会大量萌发（图4-26），如果有生长空间则一定要保留，以便于树形的矫正和更新，对于没有生长空间的则应在叶片显露期（图4-5）以前尽早抹除。

结果母枝上的芽眼，除了主芽萌发外，大量的侧芽也会萌发，一个芽眼往往会长出1～3个新梢（图4-27）。为了使架面上的新梢分布均匀合理，营养集中供给留下的新梢，从而促进枝条和花序的生长发育，须及时进行抹芽与定梢。抹芽定梢分两次进行，第一次在叶片显露期到展叶期、新梢长度3～5厘米时进行，抹去结果母枝和预备枝上单芽双枝（图1-17）或单芽三枝中的极弱

图4-26　葡萄结果臂和结果母枝基部萌发的隐芽

图4-27　单个芽眼萌发出的双生枝

枝，保留1～2个生长势旺盛的新梢（图4-28）。如果单眼双枝中的两个新梢生长势相当，则可以都保留下来等到第二次抹芽定枝时再决定；对于单眼三枝，至少要去除一个新梢，最多保留两个新梢。

第二次抹芽定梢在花序显露期、新梢长度10～20厘米时进行，首先是芽眼定梢，每个芽眼只能保留一个新梢（图1-18），除非该芽眼周围有极大的生长空间，不会影响到其他新梢的生长。保留的新梢尽量为带有花序的结果枝。其次是结果母枝定梢，采用单枝更新的结果枝组，首先在结果母枝基部选一健壮新梢（带不带花序均可）作为来年的更新枝，然后再选留1个带花壮枝，用于结果（图4-29）。对于生长空间有限的结果母枝，可以只保留一个靠近基部带有花序的新梢，当年的结果枝又是来年的结果母枝，结果枝和更新枝二合一。采用双枝更新的结果枝组，抹去上位枝上的无花序枝，保留2～3个带花的壮枝，下位枝上尽量选留两个靠近基部的带花壮枝，如果带花的新梢都偏上，则在基部选留一

图4-28　第一次抹芽定梢

图4-29　第二次抹芽定梢时的单枝更新的结果母枝定梢

个无花壮梢，在上部选一个带花新梢。目前葡萄生产上为了降低劳动强度，提高劳动效率，普遍使用单枝更新，以便于机械修剪和工人掌握。

抹芽定梢应注意的事项：抹芽定梢要依树势、架面新梢稀密程度、架面部位来定。弱树多疏，强旺树少疏。多疏枝则减轻果实负载量，利于恢复树势。少疏枝则多挂果，以果压树，削弱树势，以达到生长与结果的平衡。对架面枝条要密处多疏，稀处少疏。下部架面多疏，有利于下部架面通风透光。上部架面少疏，利于架面光合截留。同时，还要疏除无用的细弱枝、花穗瘦小的结果枝、下垂枝、病虫枝、徒长枝等。参考标准为：大果穗的葡萄品种或树（单个果穗重量超过1000克），棚架独龙干树形，每米主蔓上留8个左右新梢，篱架单干水平树形每米结果臂上留8个左右新梢；中等果穗的葡萄品种或树（单个果穗重量超过750克），棚架独龙干树形，每米主蔓上留9个左右新梢，篱架单干水平树形每米结果臂上留9个左右新梢；小果穗的葡萄品种或树，棚架独龙干树形，每米主蔓上留10个左右新梢，篱架单干水平树形每米结果臂上留10个左右新梢。

对于生长期长、高温多湿、病害发生重的地区，适当少留梢；无霜期短、气候干燥、光照充足、病害轻的地区，可适当多留枝。各地葡萄种植者应结合实际情况可灵活运用。

图4-30　结果枝叶柄基部萌发的新梢

图4-31　巨峰等易落花落果葡萄品种的结果枝摘心

2.新梢摘心和副梢处理

当新梢长度超过40厘米以后，新梢叶柄基部的夏芽由下向上递次萌发形成副梢（图4-30）。新梢摘心和副梢处理可以暂时抑制新梢营养生长，增加枝条粗度，促进花芽分化和枝条木质化。尤其是对带有花序的结果枝在开花前后进行摘心，具有促进花序生长发育和提高坐果率的作用。新梢摘心和副梢抹除最好使用疏果剪进行剪截，避免用手进行折断。

（1）结果枝摘心和副梢处理　对于落花落果严重，冬芽不易萌发的葡萄品种（如巨峰、京亚、夏黑等），应在开花前3～5天、花序上留4～6片叶进行摘心，在进行摘心的同时将结果枝上所有的副梢从基部直接抹掉（图4-31）。摘心后再萌发的副梢，除了保留顶端的一个副梢外，其余的全部从基部抹除；顶端副梢生长超过架面后，再根据田间管理需要进行修枝。

对于坐果率高、冬芽易萌发的品种（如美人指、红地球等），新梢不用摘心，只管引绑，其上的副梢，花序以下的直接抹除，花序以上的采用“单叶绝后”处理。只有当新梢长度超过架面生长空间后再进行摘心，摘心时只保留顶端一个副梢任其生长，其他副梢采用“单叶绝后”处理（图1-20）。

另外需要说明的是，如果在花朵分离期（图4-10）花序上部第一个节间的长度已经超过12厘米，说明新梢已经严重徒长。为控制新梢生长，促进花序和花朵发育，不管什么品种都应在开花前进行摘心，结果枝上的副梢全部采用“单芽绝后”处理。摘心后萌发的副梢，除了保留顶端一个外，其余全部“单叶绝后”处理；顶端副梢长到8～10片叶时再次摘心，其上萌发的二次副梢从基部抹除。这次摘心后萌发的三级副梢生长超过架面后，根据田间管理需要进行剪梢处理。

（2）营养枝摘心和副梢处理　对于冬芽不易萌发的品种（如京亚、巨峰、夏黑等），为了促进基部花芽分化，可以在开花前3～5天，与结果枝同时进行摘心，同时将副梢全部抹除。摘心后萌发的副梢，选留前端的一个引缚生长，其上的二级副梢从基部抹除。当其生长超过架面50厘米后，再进行第二次摘心，摘心后保留顶端的一个副梢任其生长，进入秋季后从基部剪除。

对于生长势强、冬芽易萌发的品种（如美人指、克瑞森无核等），新梢不用摘心，其上的副梢全部进行“单叶绝后”处理。只有当其生长超过架面50厘米后，再进行摘心，同样摘心后只保留顶端的一个副梢任其生长，进入秋季后从基部剪除。

3.葡萄新梢引绑

葡萄引绑主要使新梢均匀分布在架面上，构成合理的叶幕层，以利于通风透光，减少病虫害的发生。一般在新梢长到60厘米以后，超过第二道铁丝（第一道引绑线）20厘米再进行引绑，以避免新梢过于幼嫩而被折断。

新梢引绑主要有倾斜式引绑、垂直引绑和水平引绑、弓形引绑（图1-23、图1-24）及吊枝等方法。倾斜式引绑适用于各种架式，多用于引绑生长势中庸的新梢，以使新梢长势继续保持中庸，发育充实，提高坐果率及花芽分化。生产上采用双“十”字架或“十”字形架的葡萄树，其新梢自然成为倾斜式引绑，从行向正面看树形呈“V”或“Y”形，所以生产上也管双“十”字架和“十”字形架叫“V”或“Y”形架。

垂直式引绑、水平式引绑（图1-22）多用于单臂篱架或棚架，垂直式引绑主要用于延长枝和细弱新梢，利用极性促进枝条生长；水平式引绑多用在旺梢上，用来削弱新梢的生长势，控制其旺长；弓形引绑用于削弱直立强旺新梢的生长势，促进枝条充实，较好地形成花序，提高坐果率。具体操作为：以花序或第5～6片为最高点将新梢前端向下弯曲引绑。

吊枝多在新梢尚未达到铁丝位置时用引绑材料将其顶端拴住，吊绑在上部的铁丝上。对春风较大的地区，尽量少用吊枝，因为新梢被吊住后，反而更容易被风从基部刮掉。

在洛阳偃师地区和河北怀来地区，当地果农采用单臂篱架、直立式独龙干树形栽培。该树形的新梢少量进行引绑，大多数自然伸向行间（图4-32），优点是减小新梢引绑的用工量，缺点是该树形只适合京亚、巨峰等冬芽不易萌发的品种，另外是叶片数量过少，叶果比不合理，果实含糖量低、不容易着色，从而大量使用催红剂。

图4-32　直立式独龙干树形新梢少量进行引绑，大多数自然伸向行间

总之，通过抹芽、定梢和新梢引绑，应使整个架面上的每个新梢都有充分生长的空间，同时又不会造成架面的浪费（图4-33、图4-34）。

新梢引绑的材料在过去主要使用尼龙草、毛线、稻草（图4-35）、玉米苞叶（图4-36）等，现在葡萄生产上的引绑材料除了尼龙草外，广泛使用的是覆膜扎丝和覆

图4-33　十字形架新梢引绑后的架面

图4-34　水平棚新梢引绑后的架面

图4-35　使用稻草捆绑的葡萄主干

图4-36　使用玉米苞叶引绑的新梢

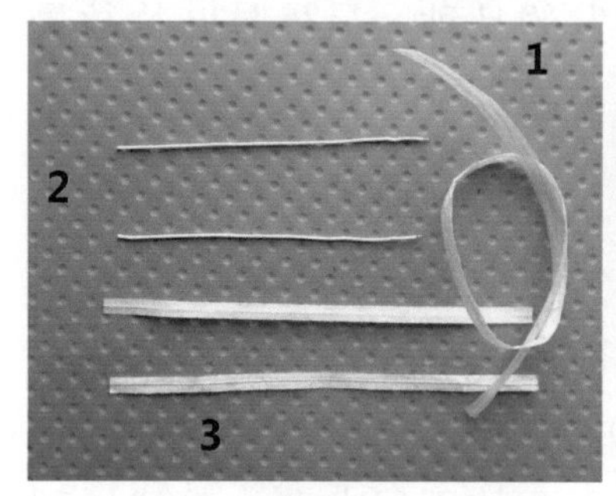

图4-37　引绑新梢的常用材料
1—尼龙草；2—覆膜扎丝；
3—覆纸扎丝

图4-38　一种固定新梢的材料

纸扎丝（图4-37）。另外生产上还有一种新梢固定材料（图4-38），每年冬季可以从引绑线上取下重复使用。

图4-39　猪蹄扣绑法

过去使用尼龙草的时候，新梢引绑大多使用猪蹄扣绑法（图4-39）或三套节绑法（图4-40）引绑新梢，现在使用扎丝则采用图4-41所示绑法。另外近年来葡萄绑蔓机开始在生产上应用，该机器手动操作，需要专门的扎带和带针（图4-42）。

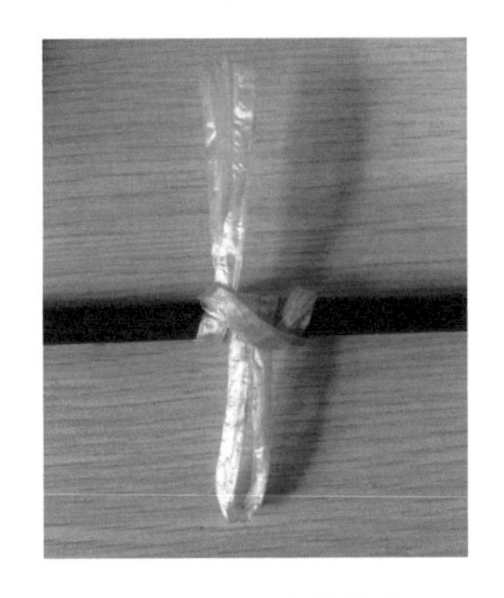

图4-40　三套节绑法

图4-41　使用扎丝的一种新梢绑法

图4-42　使用葡萄绑蔓机引绑新梢

4. 除卷须

卷须不仅消耗养分，并且到处缠绕，严重影响葡萄绑蔓、副梢处理等作业，应在田间管理时，只要发现随时用剪刀去除。

5. 花序管理

（1）疏花序　葡萄树一个结果枝上通常会带有1～3个花序，为维持树势和调控产量，应在花序分离期（图4-43）进行疏花序。弱树和中庸树要早疏，旺树可以晚疏，以花压树，防止营养生长过旺，导致花序退化（图4-44）。首先疏除发育不良的花序，包括弱小、畸形、过密和位置不当的花序，使有限的养分集中供应保留的优良花序。其次是疏除结果枝上多余的花序，对一般鲜食品种来说，小果型葡萄品种（如京亚等）壮果枝可留2个花序，中庸枝留1个花序，弱枝不留花序，营养枝与结果枝的比例为1∶（3～4）。

（2）拉长花序　有些葡萄品种果梗较短，果粒着生紧密，在浆果膨大过程中，果粒易互相挤压，因而造成穗型不规则，果粒大小不均匀，影响果穗的外观。为解决这个问题，常用果穗拉长剂进行处理，使果串松散、

图4-43　疏花序的形态判定标准

图4-44　营养生长过旺导致的花序退化

果粒均匀，提高果实的商品价值。目前，一般是在花序分离期，花序长度7～15厘米时（图4-45），使用4～5毫克/升赤霉酸（GA3）均匀浸蘸花序（图4-46）或喷施花序，可拉长花序1/3左右（图4-47），减轻疏果用工。

图4-45　适宜葡萄花序拉长的时期

图4-46　花序拉长处理

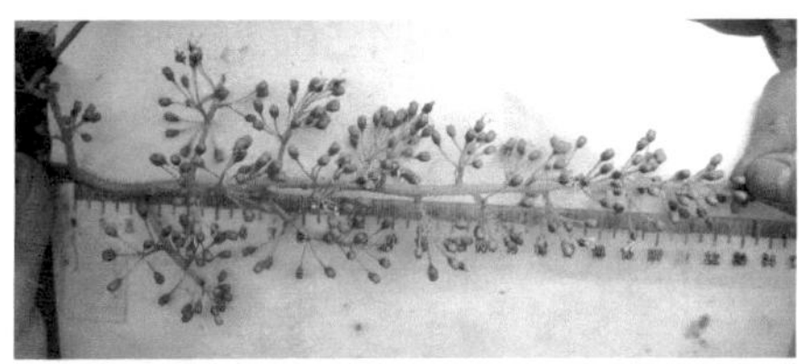

1

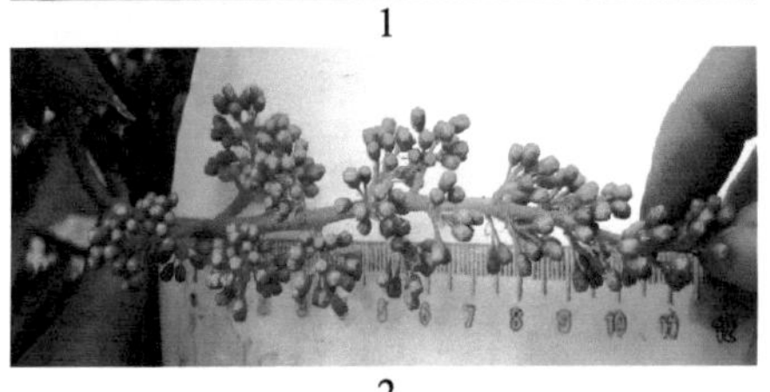

2

图4-47　巨玫瑰葡萄花序使用花序拉长剂的效果对比

1—使用葡萄拉长剂的花序；
2—正常生长的花序

图4-48　赤霉素处理产生的药害

一般时间不宜过早或离花期太近，否则可能出现严重的大小粒现象；使用浓度也产不易过高，否则可能会引起果穗畸形（图4-48）。

（3）花序整形　通过葡萄花序整形可以控制花序大小和形状，使花期养分集中供应，从而使开花期相对一致，提高保留花朵的坐果率，减少后期果穗休整的工作量。

① 仅留穗尖式花序整形。仅留穗尖式花序整形（图4-49）是无核化栽培的常用整形方式。花序整形的适宜时期为开花前1周至始花期。具体操作为：巨峰系品种（如巨峰、京亚等）一般保留穗尖6～8厘米、10～12个分枝，其余分枝和副穗全部去除；二倍体和三倍体品种（如魏可、美人指、夏黑等）一般留穗尖8～10厘米、12～15个分枝。最终果穗生长成类似图4-50所示形状。

图4-49　仅留穗尖式花序整形

图4-50　仅留穗尖式花序整形发育成的果穗

② 巨峰系有核栽培花序整形。巨峰系品种总体结实性较差，不进行花穗整理容易出现果穗不整齐现象。具体操作为见花前2天至见花第3天。将巨峰系品种的副穗及以下3～4小穗去除，保留中间15～20小穗，去除1/4～1/3长度的穗尖（图4-51）。最终果穗发育成类似图4-52所示形状。

图4-51　巨峰系葡萄的有核栽培花序整形

图4-52　有核栽培花序整形发育成的果穗

③ 剪短过长分枝花序整形。夏黑、巨玫瑰、阳光玫瑰等品种常用此法。见花前2天至见花第3天，使用剪刀首先将副穗去掉，然后再将花序上部分枝剪留成长度约1.5厘米的短分枝，整个花序整成圆柱形（图4-53），花序长短此时不用整理。最终果穗发育成类似图4-54所示形状。

图4-53　剪短过长分枝花序整形

图4-54　剪短过长分枝花序整形发育成的果穗

④ 隔二去一分枝花序整形。红地球、圣诞玫瑰、红宝石等花序分支既多又长的葡萄品种常用此法。见花前2天至见花第3天，使用剪刀去除副穗及上部的2个分枝，然后沿花序从上到下每隔两个分枝疏除一个分枝

图4-55　隔二去一分枝花序整形

图4-56　隔二去一分枝花序整形发育成的果穗

（图4-55）。该方式简单实用，果穗大小适中、松散，通风透光好，但果穗中部伤口多、易得病。最终果穗发育成类似图4-56所示形状。

6.果穗管理

（1）疏果穗和剪穗尖　幼果期（图4-16）进行疏果穗操作。首先将畸形果穗、带病果穗、极松散果穗、因绿盲蝽危害带有黑色斑点果粒过多的果穗疏除。其次是按照计划产量，将超出计划的果穗疏除，通常生产精品果的葡萄园每亩保留的果穗数不超过2200穗，生产大众果的葡萄园不超过3500穗，每棵树上5个新梢留4穗果或3个新梢留2穗果（图4-57）。对于生长较弱的葡萄品种（如粉红亚都蜜、红巴拉多）应及早进行；对于生长势旺盛、容易徒长的品种（如夏黑、阳光玫瑰等）疏果穗的时间可以适当往后推迟，只要在果实封穗期以前完成即可。

对于采用剪短过长分枝花序整形的葡萄品种（如夏黑）应在幼果期将过长果穗的穗尖剪除，保留18厘米左右。另外使用拉长剂处理的花序，如果坐果后果穗过长

图4-57　疏果穗

也应进行剪穗尖，保留的果穗长度不应超过20厘米。

（2）疏果粒　疏粒目的在于促使果粒大小均匀、整齐、美观，果穗松紧适中，防止挤压变形，以提高其商品价值。

图4-58　第一次葡萄疏果的时期及操作

疏果粒一般分两次进行，第一次疏果从幼果期到果实膨大期均可操作，通常与疏穗一起进行。首先将病虫危害果去除，其次将过密的分枝和果粒去除（图4-58）。具体操作时果穗上部的果粒可以适当多一些，下部适当少一些。对大多数品种在幼果进入第一次膨大期后进行，疏粒越好，增大果粒的效果也越明显。但对于树势过强且落花落果严重的品种，疏果时期可适当推后；对于容易出现大小粒的葡萄品种，由于种子的存在对果粒大小影响较大，最好等到大小粒明显时再进行疏果为宜。第一次疏果的意义非常重要，一定要操作到位，常见的问题是担心果粒不够用，下不去剪刀。具体保留多少果粒可以参照表4-2。

第二次疏果粒一般在果实封穗期进行，这一次疏果粒格外重要，因为这次疏果后葡萄果实即将进行套袋。将病虫危害果粒、裂果果粒、小果粒和局部拥挤的果粒必须剔除。如果这次操作时果粒过于紧密剪刀已经无法

表4-2　不同单粒重葡萄品种的疏果粒标准

品种类型		每穗果粒数/个	果穗重/克
有核品种	小果粒品种（单粒重<12.0克），如夏黑、巨玫瑰	70左右	600左右
	中果粒品种（单粒重12.0～15克），如阳光玫瑰、红地球	50左右	600左右
	大果粒品种（单粒重>15克），如藤稔、黑色甜菜	40左右	600左右
无核品种	小果粒品种（单粒重<4.0克），如红宝石无核、火焰无核	170左右	600左右
	中果粒品种（单粒重4.0～6.0克），如红艳无核	120左右	600左右
	大果粒品种（单粒重>6.0克），如膨大剂处理后的无核白鸡心	90左右	600左右

伸到果穗内部（如使用果实膨大剂的夏黑），可以徒手将果粒扣掉（图4-59）。最终需要注意的是每次完成疏果后，应该及时喷施一次杀菌剂，减少疏果时剪口感染病菌的概率，同时加强园区的肥水管理，促进保留果粒的生长。第二次疏果粒结束后应及时喷药和套袋保护。目前果袋常用的有大、中、小三种型号，果袋宽度18～28厘米，长度24～39厘米；材质有无纺布袋（图

图4-59　第二次疏果时的徒手操作

4-60）、塑膜袋（图4-61、图4-62）、纸袋，纸袋又分为白色木浆袋（图4-63）、黄色木浆袋（图4-64）和复合袋

图4-60　无纺布果袋

图4-61　白色透明塑膜袋

图4-62　黄色塑膜袋

图4-63　白色单层木浆袋

图4-64　黄色和白色的单层木浆纸袋

图4-65　复合袋

（图4-65）。通常果袋的上口一侧附有一条长约65毫米的细铁丝作封口用，底部两个角各有一个排水孔。具体操作可以参照图4-66～图4-70。

图4-66　果穗蘸药剂

图4-67　果袋口浸湿

图4-68　套袋果袋

图4-69　封袋口

图4-70　套袋完成

7.控旺梢

图4-71 喷施生长抑制剂

当葡萄进入花朵分离期后，如果花序上第一节的长度超过12厘米，说明新梢生长过旺，可于花前2～3天至见花时，使用500～750毫克/升的缩节胺（助壮素、甲哌鎓）整株喷施可显著延缓新梢生长，如果和新梢摘心配合使用可以显著提高坐果率（图4-71）。如果使用多效唑和矮壮素，一般应在新梢长出6～7片叶时进行喷施。

葡萄套袋结束后，我国逐渐进入雨季，葡萄树会再次进入旺盛生长期，为了控制新梢生长可以再次使用生长抑制剂（如缩节胺、矮壮素等），并配合摘心和副梢处理（参照前面的新梢摘心和副梢处理内容）。

8.环割和环剥

对生长强旺的结果枝进行环割或环剥。暂时中断伤口上部叶片的碳水化合物及生长素向下输送，使营养物质集中供给伤口上部的枝、叶、花穗器官生长发育，可以促进花芽形成，提高坐果率，增大果粒，增进果实着色，提高含糖量，提早成熟期。

环割、环剥根据不同目的在不同时期进行操作。提高坐果率，促进花器发育，在开花前1周内进行（图4-72）。

提高糖度，促进着色和成熟，在果实转色期进行为宜。

一般在结果枝或结果母枝上进行环割或环剥效果好。环割和环剥的位置应在花穗以下部位节间内。环割：用小刀或环割器（图4-73）在结果枝上割3圈，深达木质部，环割的间距约3厘米，此法操作简单、省工。环剥：用环剥器或小刀，在结果枝上环刻，深达木质部，环剥宽度2～6毫米。依结果枝的粗度而定，枝粗则宽剥，枝细则窄剥，总体而言环剥的宽度不能超过结果枝粗度的1/4，然后将皮剥干净。环剥后为防止雨水淋湿伤口，引起溃烂，最好涂抹抗菌剂消毒伤口，用黑色塑料薄膜包扎伤口。由于环剥阻碍了养分向根部输送，对植株根系生长起到抑制作用。过量环剥易引起树势衰弱，因此在生产上要慎重应用。

图4-72 果实转色前结果枝环剥促进果实成熟

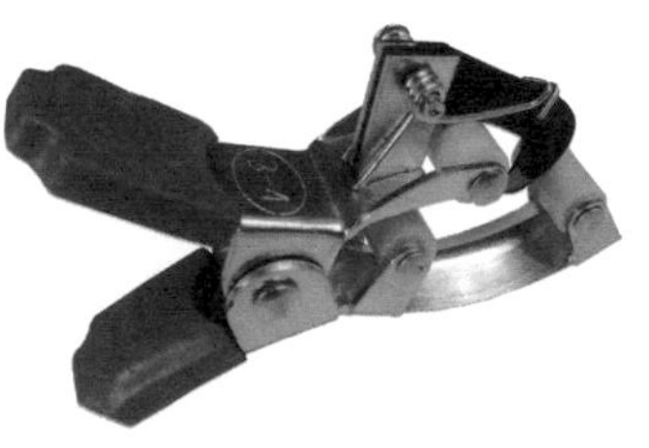

图4-73 环剥环割器

9.除老叶、剪嫩梢

对于部分中晚熟葡萄品种当葡萄果实进入转色期以

后，新梢基部的部分老叶开始变黄，失去光合作用能力，开始消耗树体内的营养物质，对于这些老叶应及时去除（图4-74）。有时生产上为促进葡萄果实上色，在未套袋葡萄果实开始转色或套袋果实摘袋后，去除果实附近遮挡果实的2～3个叶片，以增加光照，促进果实上色。

北方地区8月中旬以后抽生的嫩梢，秋后不能成熟，并易引发霜霉病，应对其进行摘心处理，控制其延长生长（图4-75）。利于促进枝条成熟，减少树体内养分消耗。

图4-74　摘老叶促进果实转色

图4-75　使用绿篱机修剪嫩梢

第三节 秋冬季葡萄树整形修剪（9～翌年2月份）

进入秋季，随着葡萄采收工作的逐渐结束，外界气温逐渐降低，这时的葡萄植株生长开始减弱，茎秆变为褐色，冬芽上也覆上了一层绒毛，逐渐进入了休眠状态，也预示着葡萄树的冬剪工作即将展开。对于树形培养结束的成龄树主要是维持已培养成了的树形、调节树体各部分之间的平衡，使架面枝蔓分布均匀，防止结果部位外移，保持连年丰产稳产。

葡萄树修剪的时期应在葡萄落叶后15天到翌年春伤流期前1个月为宜。埋土防寒地区的冬剪在霜降前后开始，土壤封冻前必须完成修剪并埋入土中，对于时间比较紧迫的地区，在埋土前先进行简单的初剪，来年出土后再进行一次复剪；不埋土防寒地区则应在树体进入深眠时期修剪为好。通常修剪的时期越晚，来年葡萄树萌芽也会越晚，春季容易发生霜冻危害的地区，可以通过晚剪推迟葡萄萌芽，以躲避霜冻危害。另外修剪用的剪和锯要锋利，使剪口、锯口光滑，以利于愈合，对于比较大的伤口还应涂抹保护剂进行保护，可以使用50～100倍液的克菌丹涂抹伤口。疏去一年生枝时应接近基部进行，疏大枝应保留1～2厘米的短橛，以避免伤口过大，造成附近失水抽干。

一、结果母枝的选留和剪截

1. 留枝量和留芽量的确定

修剪前应根据计划产量和该品种的结果枝率和萌芽率计算出留枝量。通常亩产量为1500千克左右的葡萄园，约需要留2500个果穗、3000个新梢、1500个结果母枝，架面上每米长的结果部位留6个左右结果母枝，每个结果母枝留2个饱满芽。

另外，对于容易发生冻害的地区，葡萄冬剪时应多留出10%～20%的枝作为预备枝，以弥补埋土、上下架、冻害等造成的损失。

2.结果母枝的修剪方法

对于树形培养结束的葡萄园，葡萄树的修剪其实就是结果母枝的修剪。常用的修剪方法主要有两种，即单枝更新和双枝更新。

（1）双枝更新修剪法　选留同一结果枝组基部相近的两个枝为一组，下部枝条留2～3芽短截作为预备枝，上部枝条留3～5个芽剪截（图1-39、图1-40）。该修剪方法适用于各种品种。通常要求结果母枝之间有较大的间距，供来年的新梢生长。该修剪方法在葡萄生产上已逐渐淘汰。

（2）单枝更新修剪法　冬剪时将结果母枝回缩到最下位的一个枝，并将该枝条剪留2～3芽作为下一年的结果母枝。这个短梢枝，即是明年的结果母枝，也是明年的更新枝，结果枝与更新枝合为一体。

近年来，随着葡萄园用工成本的迅速增加，机械修剪和省工修剪成为主流（图4-76、图4-77）；双枝更新在葡萄树修剪上的使用逐年减少，单枝更新修剪成为主流。对于花芽分化节位低的品种（如京亚、巨峰、夏黑、户太八号等），留基部2个芽短截，每米长架面保留6～8个结果母枝。对于结果部位偏高的品种（如红地球），留3～4个芽短截，每米长架面保留6～8个结果母枝。采用该修剪方法的葡萄园，应当严格控制新梢旺长，促进基部花芽分化，提高基部芽眼萌发的结果枝率。

图4-76　坐骑式葡萄冬季剪枝机

图4-77　悬挂式葡萄冬季剪枝机

另外，人工修剪的葡萄园需要注意的是在对每棵葡萄树进行修建前，首先应当剪除那些未成熟老化的枝条，其次是带有严重病害或虫害的枝条，最后才是结果母枝的选留和剪截。对于机械修剪的葡萄园，当机械修剪过后，还应进行人工复剪。

二、结果枝组的更新

随着树龄的增加，结果部位会逐年外移，当架面已经不能满足新梢正常生长的时候，就要对结果枝组进行更新。

1.选留新枝法

葡萄主蔓或结果枝组基部每年都会有少数隐芽萌发形成的新梢，对于这些新梢要重点培养，使其发育充实。冬季留2个饱满芽进行短截，原有结果枝组从基部疏除，对来年春天萌发出的2～3新梢进行重点培养，即成为新的结果枝组。整个更新过程如图4-78。

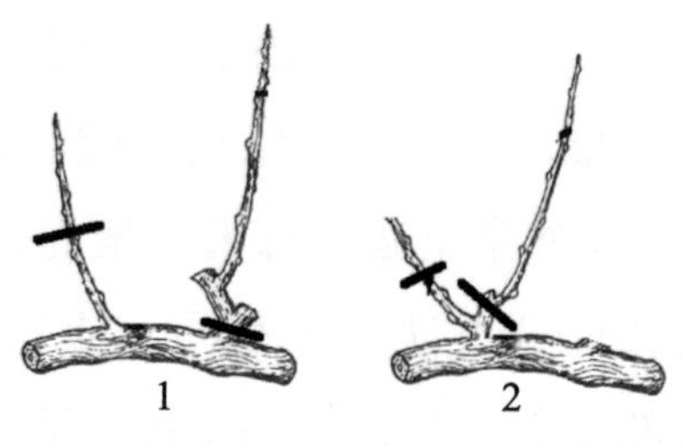

图4-78　选留新枝法培养结果枝组

1—对当年培养的枝条留3个芽进行短截，衰老枝组疏除；2—对第二年萌发的新梢重点培养，冬季进行单枝更新修剪

2.极重短截法

在结果枝组基部留1～2个瘪芽进行极重短截，来年春天这些瘪芽有可能萌发出新梢，对这些新梢重点培养，来年冬季选留靠近基部的1个充分老化成熟的枝条作为结果母枝，留2～3个饱满芽进行短截，即成为新的结果枝组（图4-79）。

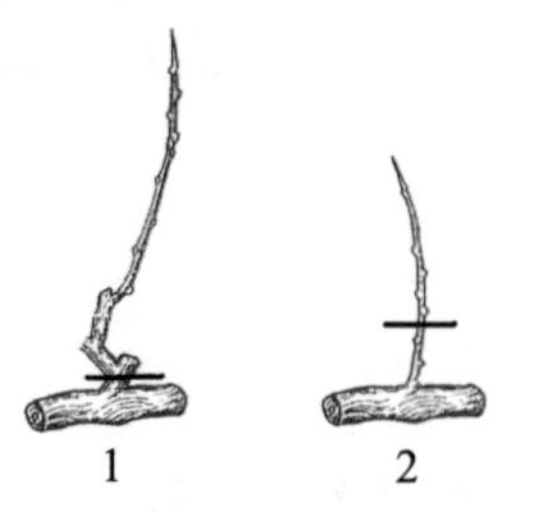

图4-79　极重短截法培养结果枝组

1—对衰老的结果枝组进行极重短截；2—对来年萌发培养的枝条进行短截

对于个别严重外移的结果枝组可以单独使用上述两种方法，大部分结果枝组都严重外移的葡萄树可以参照问题树形矫正的内容。

三、问题树形的矫正

1. 中部光秃树形的矫正

对于中部光秃的葡萄树，冬季将光秃带邻近枝组上的枝条留6～10芽进行长梢修剪，弓形引缚到光秃的空间。如果后部有枝就向前引绑，如果后部无枝也可选前部枝向后引绑，当抽生的新梢长达30厘米以上时，把弓形部位放平绑好（图4-80）。

对于独龙干树形中部光秃严重的葡萄树可以在光秃带后部培养新蔓，当新蔓可以取代老蔓时，回缩到新蔓处（图4-81）。

图4-80　中部局部光秃树形的矫正

图4-81　中部严重光秃树形的矫正（引自严大义）

2. 下部光秃树形的矫正

对于下部局部光秃的葡萄树，可将光秃部位上面的枝条采用中、长梢修剪后，弓形引绑到下部光秃部位，以弥补枝条（图4-82）。

对于下部光秃严重的树形，可将主蔓下部折叠压入土中促其生根，上部延长头向前长放，布满架面即可（图4-83）。

图4-82　后部局部光秃树形的矫正

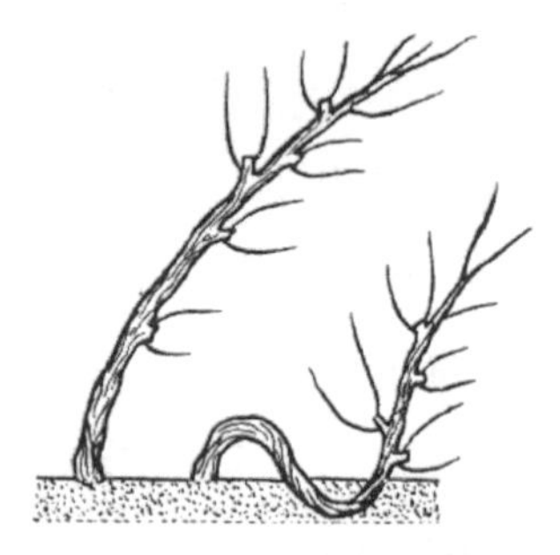

图4-83　后部严重光秃树形的矫正（引自严大义）

3. 结果母枝严重外移的葡萄树形矫正

随着葡萄树龄的增加，结果母枝的位置会缓慢地向外移动，直到架面的生长空间不能满足大部分新梢生长需要，这时就要对葡萄树进行一次大的更新。

单干水平树形可以在结果臂基部重回缩，刺激萌发新枝，选留1～2个位置合适的新梢按照前面介绍的关于树形培养的内容重新培养（图4-84）。也可以选留靠近主干的一个结果母枝，冬季进行长梢修剪，弓形引绑到定干线上，原有的结果臂在靠近结果母枝的部位剪截掉（图4-85），按照前面介绍的关于树形培养的内容重新培养。

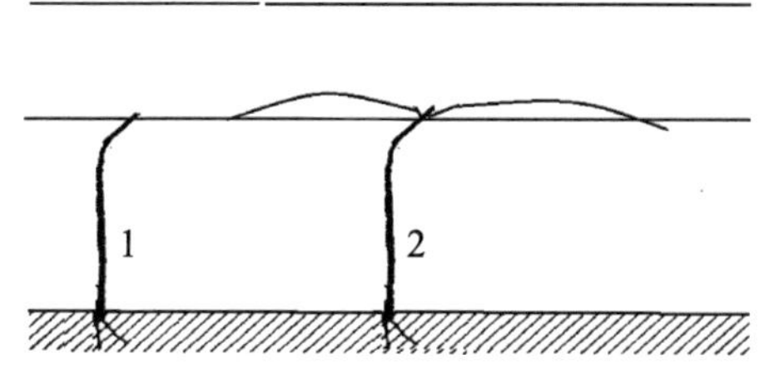

图4-84　重回缩刺激萌发新枝重新培养

1—结果臂回缩到主干附近；2—来年在剪口附近选择1～2个位置合适的健壮新梢培养成新的结果臂

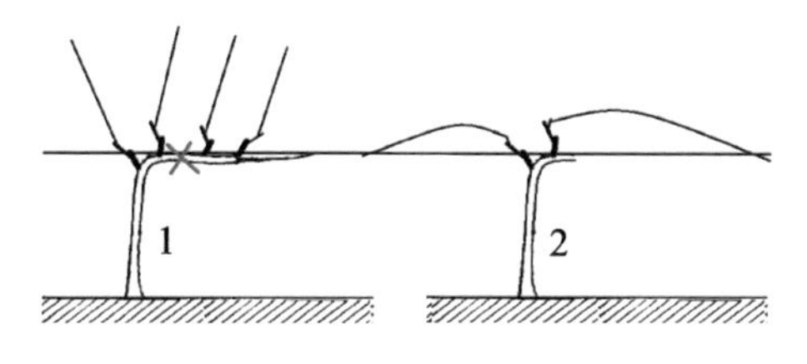

图4-85　选留新枝重新培养

1—冬季在主干附近选留2个枝组，将枝组前部的结果臂剪截，保留的枝组上再各选留1个健壮的枝条，留6～10个眼剪截，来年培养成新的结果臂；2—将保留的结果枝条弓形引绑到定干线上培养成新的结果臂

对于独龙干树形可以参照中部光秃树形矫正的内容进行矫正，在下部培养新蔓，当新蔓可以取代老蔓时，回缩到新蔓处（图4-81）。

参考文献

[1] 孔庆山.中国葡萄志.北京：中国农业科学技术出版社，2004.

[2] 修德仁.图解葡萄架式与整形修剪.北京：中国农业出版社，2010.

[3] 王忠跃，孙海生.提高葡萄商品性栽培技术问答.北京：金盾出版社，2011.

[4] 孙海生.图说葡萄高效栽培技术.北京：金盾出版社，2011.